中国的世界遗产
——湖北神农架

谢宗强　申国珍　王志先　编著

中国林业出版社
China Forestry Publishing House

内容简介

本书在梳理神农架遗产地价值要素构成的基础上，从遗产概览、物种瑰宝、生态演变、科研圣地、理念引领、国家公园与时俱进等方面，全面介绍了神农架世界自然遗产地在动植物多样性、生物群落、生物生态过程等方面的全球突出价值，回顾了神农架从申报到被列入世界自然遗产地，以及成为遗产地后管理思路转变的历程和经验；在遗产价值的基础上，总结了国家公园的保护价值。本书可为从事保护生物学、生态学、自然保护地和国家公园科普、教学的工作者及自然资源管理科普人员提供参考，也可为社会公众和中小学生自然教育提供借鉴。

图书在版编目(CIP)数据

中国的世界遗产：湖北神农架 / 谢宗强, 申国珍, 王志先编著. -- 北京：中国林业出版社, 2024. 8.
ISBN 978-7-5219-2825-9

Ⅰ. S759.992.63

中国国家版本馆CIP数据核字第2024ZE0262号

策划编辑：肖　静
责任编辑：袁丽莉　肖　静
装帧设计：北京八度出版服务机构

———————————————

出版发行：中国林业出版社
（100009，北京市西城区刘海胡同 7 号，电话 83143577）
电子邮箱：cfphzbs@163.com
网址：https://www.cfph.net
印刷：河北京平诚乾印刷有限公司
版次：2024 年 8 月第 1 版
印次：2024 年 8 月第 1 次
开本：710mm×1000mm　1/16
印张：11
插页：8
字数：150 千字
定价：98.00 元

《中国的世界遗产——湖北神农架》
编辑委员会

编著者

谢宗强　申国珍　王志先

参编人员

（按姓氏笔画排序）

陈金鑫　赵常明　钟　权

徐文婷　葛结林　熊高明

中国科学院植物研究所：谢宗强　申国珍　赵常明

徐文婷　葛结林　熊高明

神农架国家公园管理局：王志先　陈金鑫　钟　权

前言

世界自然遗产涵盖了美学、地质地貌和生物生态3种遗产类型，覆盖了不同气候带的代表性自然生态系统，包括最具代表性的地貌类型和古生物化石群地质遗迹，以及优美的山岳、湖泊、森林等自然景观。华中山地是联结喜马拉雅－中国－日本植物区系的桥梁。地处华中山地的神农架世界自然遗产地，反映了我国北亚热带自然条件多样的资源特点和突出价值，勾勒出北亚热带生物多样性和生物生态学过程的演变足迹，是北亚热带自然历史的见证者，更是未来的指引者。神农架世界自然遗产地丰富了我国遗产地类型和价值认知。

神农架世界自然遗产地的管理模式，为世界遗产的全球保护提供了中国智慧和中国方案。为了有效实施神农架世界自然遗产保护，各级遗产管理部门共同努力，不断完善遗产地保护和管理的法规体系和保护管理机构，加强遗产监测和教育展示，加大社区和公众参与力度，持续提升神农架世界自然遗产地的能力建设，创造出可持续的遗产地保护与发展模式，为全球世界遗产保护与传承提供了中国智慧和方案。

本书将科学性与趣味性相结合，介绍了神农架世界自然遗产地的突出价值、申遗过程和保护状况。价值阐释清晰地展示了神农架自然遗产在全球生物多样性和生物生态学方面的突出作用。申遗过程和保护状况全面总结了神农架世界自然遗产申报的复杂性及保护的系统性，突出神农架世界遗产的国际性和公益性，从而让读者全方位认识神农架世界自然遗产的价值，增强遗产保护的自觉性，共同守护好全人类的自然珍宝。

感谢湖北神农架森林生态系统国家野外科学观测研究站和神农架国家公园管理局为本书的撰写提供了基础数据、科研成果和图件照片。

编著者

2024年1月

目录

目录

第三篇　师法自然　保护优先

第一篇

世界遗产
钟灵毓秀

无论你是听着“世界那么大，我想去神农架”的广告语，还是“神奇、神秘、神农架”的宣传口号，华中高峰——神农架都一定在你脑海中留下了深刻的印象。这座位于中国地势第二阶梯东部边缘的高山，因其独一无二的生态价值在2016年被列入《世界自然遗产名录》（图1-1）。从此，中国生态格局中的这颗明珠有了一个响彻全球的名称：湖北神农架（图1-2）。

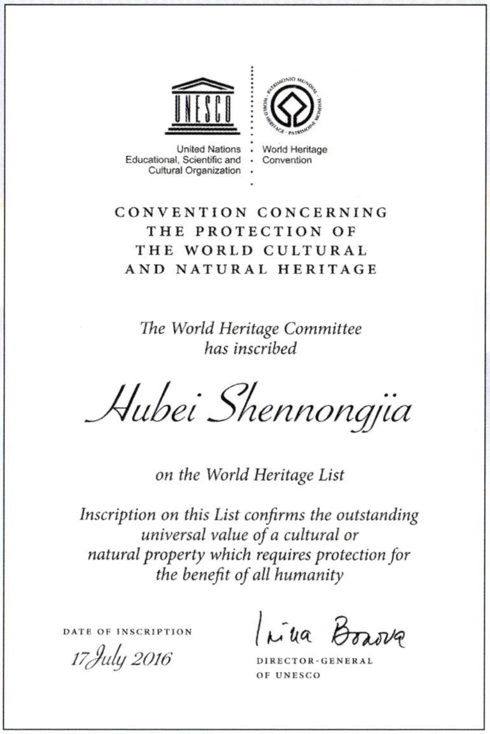
UNESCO
United Nations Educational, Scientific and Cultural Organization
World Heritage Convention

CONVENTION CONCERNING THE PROTECTION OF THE WORLD CULTURAL AND NATURAL HERITAGE

The World Heritage Committee has inscribed

Hubei Shennongjia

on the World Heritage List

Inscription on this List confirms the outstanding universal value of a cultural or natural property which requires protection for the benefit of all humanity

DATE OF INSCRIPTION
17 July 2016

Irina Bokova
DIRECTOR-GENERAL OF UNESCO

图1-1　湖北神农架世界遗产证书

图1-2　湖北神农架阴峪谷

第一章　华中圣地　物华天宝

湖北神农架遗产地主体位于湖北省神农架林区境内，地处中国地势第二阶梯的东部边缘（图1–3），是长江和汉水的分水岭，东西长140km，南北长144km，地势西南高东北低，峡谷纵横深切（图1–4），主峰神农顶海拔3106.2m。受亚热带环流控制，遗产地气候属北亚热带季风气候，温暖湿润，为中国南部亚热带与北部暖温带的气候过渡区域（图1–5）。独特的地理环境，使湖北神农架在生物多样性栖息地、生态系统类型、生物演化等方面明显有别于世界上其他山岳，成为全球同纬度山地生态系统的杰出代表。

湖北神农架遗产地包含了神农架全部的生态系统类型，综合反映了神农架生物演化特征和生态变化过程。遗产地是全球常绿落叶阔叶混交林生态系统的

图1–3　湖北神农架世界遗产范围

图1-4 神农谷

图1-5 云涌天燕垭

最典型代表，拥有北亚热带典型的山地垂直自然带谱，成为研究全球气候变化下北亚热带山地生态过程的杰出范例。遗产地是温带植物区系分化、发展和集散的重要地区，拥有被子植物系统中各纲或各进化阶段大部分的类群代表，孕育有较多的单型科和单型属，是世界上落叶木本植物最丰富的地区（图1-6），突出反映了北亚热带生物群落的进化与演替的进程（表1-1）。

遗产地蕴含了极为丰富的生物多样性，是众多古老孑遗物种的避难所，也是国际珍濒物种和中国特有种的重要栖息地。遗产地保存了丰富多样的高等植物，被称为中国冰川时代的“诺亚方舟”，是第四纪冰川期动植物的重要避难所，保存了丰富完整的古老和孑遗物种。维管束植物有65.9%的科和55.7%的属起源于第三纪之前，充分反映了植物区系的古老性。化石证据和间断分布式样表明遗产地的古老植物种中富含孑遗成分。遗产地还是众多珍稀濒危、特有物种的重要栖息地，孕育有全球最大的两栖动物大鲵，是中国特有的珍稀濒危动物川金丝猴湖北亚种的全球现存分布地，也是国际珍濒物种和中国特有种的重要栖息地（表1-1）。

图1-6　神农顶落叶木本植物秋季景观

表1-1　湖北神农架符合的世界遗产标准一览表

世界遗产标准		列入世界遗产的理由	
编号	标准	符合标准的突出价值	价值要素
（9）	代表陆地、淡水、海岸和海洋生态系统以及动植物群落正在进行的、重要的生态和生物演化过程的杰出范例	遗产地是北半球常绿落叶阔叶混交林生态系统最典型代表，拥有东方落叶林生物地理省最完整的垂直带谱，是世界温带植物区系的集中发源地，全球温带分布属最集中的区域，其植被从亚热带热带森林向北亚热带常绿落叶阔叶混交林的演化过程，是东方落叶林生物地理省生物生态演化过程的杰出代表	1.遗产地保存了北半球最为完好的常绿落叶阔叶混交林，典型代表并展示了常绿落叶阔叶混交林生态系统的生物生态学过程，为连接暖温带落叶阔叶林和亚热带常绿阔叶林不可或缺的桥梁和纽带，为北半球常绿落叶阔叶混交林生态系统的最典型代表 2.遗产地位于Global 200 Ecoregions“中国西南温带森林生态区”中的“大巴山山地常绿林生态区”，以其生态系统的独特性和完好的保存状态，成为大巴山山地常绿林生态区的典型代表 3.遗产地在较小的水平距离范围内浓缩了亚热带、暖温带、温带和寒温带的生态系统特征，成为研究全球气候变化下山地生态系统垂直分异规律及其生态学过程的杰出范例，在东方落叶林生物地理省具有唯一性和代表性 4.遗产地是世界温带植物区系的集中发源地，为全球温带分布属最集中的区域，在全球范围内具有唯一性；其气候从炎热湿润—温暖湿润演变，地带性植被经历了从亚热带热带森林—北亚热带常绿落叶阔叶混交林的演化过程，是东方落叶林生物地理省生物生态演化的杰出代表
（10）	生物多样性就地保护的最重要和突出的自然栖息地，包括从科学或保护角度具有突出普遍价值的濒危物种	湖北神农架遗产地拥有显著的生物多样性和大量古老、濒危、特有种，为众多模式标本产地，是全球落叶木本植物最丰富的地区，具有突出普遍的保护价值和科学价值	1.遗产地为丰富生物多样性的避难所，被子植物系统中各纲或各进化阶段构成了被子植物进化较完整的系列，以不到0.01%的国土面积保护了中国12.5%的维管束植物，成为北半球同纬度物种最为显著的生境区域 2.遗产地是世界上落叶木本植物最丰富的地区 3.遗产地保存了丰富完整的古老和孑遗动植物物种，忠实记录了华中植物区系在过去3.5亿年的生态和进化过程 4.遗产地是北亚热带珍稀濒危、特有物种的最关键栖息地及模式标本产地 5.遗产地拥有丰富的生物种类，是大量的模式标本产地，世界上广泛引种的珍稀、园艺物种的原生地，长期以来就是植物系统学、园艺学的科学圣地和研究热点

湖北神农架遗产地满足《实施保护世界文化与自然遗产公约的操作指南》关于完整性和保护管理方面的要求。遗产地为东方落叶林生物地理省最有代表性的北亚热带分布区域，是垂直自然带谱和生态系统的完整性以及珍稀濒危物种栖息地保存最好的区域。遗产地面积包含了体现北亚热带山地生态系统生物

多样性及其栖息地和生物生态学价值的所有必要因素（图1–7）。遗产地已勘界立桩，各组成地及其相关缓冲区边界在地图和实地均有清楚标定。遗产地的范围充分保障了生物多样性及栖息地和生物生态学突出普遍价值。管理保障水平足以应对遗产地所面临的主要挑战和威胁。

图1–7　巴山冷杉原始林

第一节 承东启西 天人合一

在中国中部、秦岭以南，海拔3000m往上，少数能浮在云端的几座高山中，神农架是最显著的一座（图1-8）。神农架处于我国中部山地东缘，在国家地势第三级阶梯（东部平原丘陵区）和第二级阶梯（西部高原山地区）间具有承东启西的意义。独特的地理环境，使神农架的地貌气候和人类文明明显有别于世界上其他山岳。

图1-8 太子垭

一、独特的地理地貌：山高水长，江河分流

神农架属于东西延伸大巴山的一部分。山体高大雄伟，峡谷纵横深切，向北为南阳盆地，向西是四川盆地，东边为江汉平原，向南海拔略高，是鄂西南和湘西群山。神农架在此地形中属于华中地区海拔最高，被称为“华中屋脊”。

神农架山体不仅是中国东部南北冷暖气流的交汇地，还紧邻两条水量丰沛的大江：亚洲最长河流——长江与中国南水北调工程的源头——汉水，并形成两条江的分水岭。因此，神农架拥有丰富的降水和发达的水系，素有“华中水塔”之称。神农架年降水量沿着山体海拔从700mm到2700mm不等。充沛的降水形成了以大神农架和小神农架为中心的放射状水系。其中，南坡的香溪河、沿渡河、大宁河流入长江的支流，北坡的南河、堵河则流入汉江的支流（图1-9）。

山高谷深的地形是孕育丰富生物多样性的温床。在神农架这片古老而神秘的土地上，莽莽苍苍的原始森林、幽幽高山、淙淙绿水，让人有远离尘世的感觉（图1-10）。以“神农架穹窿”为代表的构造地貌、第四纪古冰川遗迹以及丰富的“岩溶喀斯特地貌”和“流水地貌”，使得神农架生境更加多样，为各生物区系的交汇、融合和特化提供了有利条件。

图1-9 香溪源

图1-10 山林飞瀑

二、优越的气候：水热同季，四带同堂

在北回归线附近，由于副热带高压控制，全球同纬度地区多形成干旱荒漠。青藏高原的隆起改变了这一格局，包括神农架在内的东亚亚热带在青藏高原的庇佑下，形成了夏季湿润、冬季干冷的季风型气候，显现出“水热同季”的气候特点，并在此基础上形成了神农架郁郁葱葱的原始森林。由于山体地势起伏，

立体气候明显，具有明显的垂直气候带，神农架从低海拔到高海拔依次呈现出亚热带、暖温带、温带、寒温带等“四带同堂”的气候分化格局（图1-11）。

图1-11　冰柱

三、古老的传说：神农文化，源远流长

自5000年人类文明以来，一直流传的中华民族先祖神农氏尝百草采药、开拓中华农业文明的传说，此地还有王昭君传说、“野人”传说、女娲传说等神话传说，具有浓郁地方色彩的土家民族民俗风情。其区域文化特色被视为亚洲少见的山地文化圈——鄂西原生态文化群落带。竹溪炸起沟乡土建筑、巴东小溪特色民居组团、竹溪双龙观、双子庙、双桥、双子桥、竹山五龙庙及神农祭坛（图1-12）等无不体现神农架自古以来天人合一的景观；炎黄神农传说、兴山王昭君传说、竹山女娲传说、竹溪十八里赋等古老神秘的传说，显现了敬天畏地之传统；汉民族神话史诗《黑暗传》（图1-13）、薅草锣鼓、兴山民歌、兴山地花鼓、兴山围鼓、竹溪向坝民歌、竹山官渡民歌、竹山堵河剪纸等传承了独具特色的民间文艺（图1-14）。

图1-12　神农祭坛

图1-13《黑暗传》

图1-14　下谷皮影

第二节　荟萃南北　浑然一体

受东亚季风环流控制和南北冷暖气团的作用，神农架成为中国亚热带与暖温带的气候过渡区域和南北生物汇集区，孕育了丰富的动植物资源（图1-15～图1-20）。

图1-15 铜蓝鹟

图1-16 酒红朱雀

图1-17 草绿攀蜥

图1-18 虎纹伯劳

图1-19 木鱼坪淫羊藿

图1-20 神农架瓦韦

一、古老生物的避难所：神山庇护，生物天堂

古老的神农架曾是一片辽阔而寂静的古海。在早期地球的印支造山运动中，全球许多次级大陆靠拢在一起，形成了一块统一的超级大陆。在这个过程中，秦岭拱出了地壳，神农架开始逐步抬升，第一次由海洋出露为陆地。几经海陆变迁，在近4亿年前的古生代泥盆纪中期，神农架彻底脱离了海洋环境，以陆地的面貌迎接陆地生物驻足。

神农架隆起为陆地，正迎来地球生命演化历史中蕨类植物繁盛和两栖动物繁荣的时代，从那时起，神农架这片陆地就拥抱了大批古老物种。在21300万年前的中生代侏罗纪，恐龙称霸地球。神农架地层因挤压褶皱，形成了由西向东排列的两个背斜结构和一个向斜结构，初步奠定了今天神农架的宏观地貌格局。两亿年后的新生代，被子植物与哺乳动物遍布全球，此时，受喜马拉雅造山运动影响，神农架山体明显上升，一跃而成为“华中屋脊”，不仅出露有“中元古代”以来的所有地层，更保存了自寒武纪以来最完整的地质构造单元。气温也比中生代有所下降，裸子植物、被子植物爬满了神农架的山坡。自此，神农架具备了生物栖息的舒适陆地环境。

神农架复杂多样的地形条件，使其成为欧亚大陆腹地第四纪冰期气候波动过程中重要的生物避难所。第四纪是地球地质历史中较为寒冷的时期，第四纪冰川也是地球史上最近的一次大冰川期（图1-21）。大陆冰盖在全球大幅扩张，地球年平均气温降低了10～15℃，一条条山脉变成了冰雪世界，给生物带来灭顶之灾。在欧洲和美洲，生物大面积灭绝。

神农架也遭受了第四纪冰期的袭击（图1-22）。幸运的是，秦岭和大巴山的东西走向正面阻击了南下寒流，也阻挡了冰期的冰川、冰盖向南扩张，有效抵御了严寒气候的侵袭，庇佑了神农架的古老生物。冰期过后，神农架的植被恢复了勃勃生机，成为北半球同纬度带物种最为显著的生境区域和关键栖息地。至今，神农架仍然保持了水青树、连香树和巴东木莲等珍稀古老植物，也保留了大鲵、中国小鲵、巫山北鲵等孑遗动物。

图1-21 青天袍冰斗

图1-22 瞭望塔冰川遗迹

二、独一无二的常绿落叶阔叶混交林：杰出范例，傲视全球

青藏高原的隆起，使受副热带高压控制下的东亚亚热带形成了全球独一无二的东亚季风型（夏季湿润、冬季干冷）亚热带常绿落叶阔叶混交林（图1–23）。其既不同于地中海型耐旱热的硬叶常绿林，也不同于北半球同纬度的亚热带、热带荒漠植被。全新世以来，神农架以其地处中国东部平原丘陵向西部高原山地过渡区的地理区位和亚热带向暖温带过渡的北亚热带季风气候，较之世界其他区域更好地保存了欧亚大陆最典型的原始常绿落叶阔叶混交林生态系统，在全球山地生态系统类型中独具特色，成为北亚热带季风气候区山地生态系统的最典型代表。

图1–23　常绿落叶阔叶混交林

神农架的常绿落叶阔叶混交林，是暖温带落叶阔叶林向中亚热带常绿阔叶林的过渡类型，由常绿和落叶两类阔叶树种混合而成，主要建群树种为壳斗科的青冈属（图1–24）、樟科的樟属、木姜子属等常绿树种和壳斗科的水青冈属和栎属等落叶阔叶树种，为北亚热带保存最为完好的原始常绿落叶阔叶混交林。被誉为“华中第一大峡谷”的“阴峪河谷”，至今仍是全球北亚热带中一处罕见的“无人区”，保存着完整的原始森林生态系统（图1–25）。

图1-24 青冈

图1-25 阴峪河谷

三、完整的植被带谱，多样的生态类型：物以类聚，各得其所

神农架发育着特别丰富的植物区系，对中国-喜马拉雅植物区系和中国-日本区系与群落的迁移、交流、混杂和演化，具有极为重要的桥梁作用。神农架的山地海拔在较小的水平距离范围内浓缩了亚热带、暖温带、温带和寒温带等生态系统类型，形成了从低海拔到高海拔完整的山地植被垂直带谱和生态系统类型。

自山脚沿路而上依次可以览胜到常绿阔叶林（图1-26）、常绿落叶阔叶混交林、落叶阔叶林、针阔混交林、寒温带针叶林以及亚高山灌丛和草甸等生态系统类型。在海拔1000m以下的常绿阔叶林带，樟树、山茶树、石栎、青冈等常绿树木郁郁葱葱，猕猴、豪猪等动物生活在这里。上升至海拔1000～1700m，出现了常绿落叶阔叶混交林，这里是森林中食物最丰富的地带，也是黑熊、野猪、中华竹鼠、中华蟾蜍、赤腹鹰、燕隼等动物的栖息地。攀升到海拔1700～2200m地带，为落叶阔叶林带，短柄枹栎林、茅栗林、亮叶桦林、红桦林、山杨林、野核桃等植物在这里簇拥生长。这里也是中华斑羚、岩松鼠、豹猫、中国林蛙、红腹锦鸡等鸟兽的生活乐园。在海拔2200m左右，植被类型变为温带针阔混交林。此处，参天古木随处可见，一些大树裸露着粗壮的树根，上面布满苔藓和地衣。神农架拥有两大群川金丝猴，以金猴岭为活动中心。这里山势高峻、森林茂密，金丝猴常常呼啸而来，瞬间又消失得无影无踪。沿着溪水继续向山上攀爬，在海拔2800m左右，人们将邂逅一片古老的巴山冷杉林。一棵棵巴山冷杉冲天而上，整齐排列，在有限的空间里拼命向上生长。厚厚的落叶覆盖在山林地表，在潮湿的空气里膨胀、发酵，最后转化成腐殖层。再往高处是寒温带亚高山灌丛和草甸带，除了神农箭竹丛，这里还有粉红杜鹃灌丛（图1-27）、香柏灌丛、野古草草甸、紫羊茅草甸、糙野青茅草甸等。

图1-26　常绿阔叶林

图1-27　粉红杜鹃灌丛

至此，一条东方落叶林生物地理省最完整的垂直带谱自然呈现出来。神农架山体高大，维系着北亚热带山地生态系统，拥有森林、灌丛、草地、湿地、裸岩区、洞穴等生境类型，有常绿阔叶林生态系统、常绿落叶阔叶混交林生态系统、落叶阔叶林生态系统、针阔混交林生态系统、针叶林生态系统、灌丛生态系统、草地生态系统、湿地生态系统、裸岩石质地生态系统等生态系统。复杂的生境孕育了丰富的生物多样性。以洞穴生境为例，根据所接受阳光的强弱，可分为洞口带、弱光带和黑暗带。洞口带常栖居小泡巨鼠、红白鼯鼠（图1–28）、褐河乌（图1–29）、蛇类、蜈蚣、马陆、蜗牛等动物；弱光带和黑暗带常栖居菊头蝠、绯鼠耳蝠、短嘴金丝燕、红点齿蟾（图1–30）的蝌蚪、蜘蛛、盲蛛、蟋蟀等动物。这种生境分化是物以类聚的真实写照。

图1–28 红白鼯鼠

图1–29 褐河乌

图1–30 红点齿蟾

第二篇

生物生态 价值超群

第二章 物种瑰宝 生生不息

优越的气候条件、独特的地理地貌特征和极少人类活动干扰使得湖北神农架遗产地拥有显著的生物多样性和大量古老、濒危、特有种（图2-1～图2-3）。神农架遗产地为众多模式标本产地，具有突出普遍的保护价值和科学价值。

图2-1 特有植物——兴山五味子

图2-2 特有植物——巴东荚蒾

图2-3 特有植物——鄂西粗筒苣苔

第一节 古老物种完整续存

地球在248万年前进入了第四纪，从那时至今我们的地球发生了许多次冰川。冰川自然会掩埋许多物种，或是把一些动植物推移到其他地方。但在冰川发生的间隙里，气候又会转暖，许多生物又会蓬蓬勃勃地发展壮大。虽然在第四纪冰川发生时，中国没有直接受到北方大陆冰盖的破坏，但山岳冰川和气候波动还是使许多物种从此消失了。那么，我们如今见到的生物中又有哪些劫后余生的呢?

银杏植物曾经是很大的一类，却只有其中的一种还存在着。银杏被人们认为是世界上最不可思议的一种植物。在古代同时期的许多动植物都已绝灭了，它却保留了下来，且形态很少改变。水杉自然孑遗分布在我国中部长江峡谷海拔400～2000m的谷地或斜坡上，由于这一地区的北面有秦岭抵抗住了自北向南的冷气流，降雨充足，冬天比同一纬度的其他地方温暖，即使在第四纪冰川流动剧烈的时期，这里的环境仍然能维持水杉的延续生存。

湖北神农架遗产地处于东亚植物区系的中国-日本植物区系和中国-喜马拉雅植物区系的交汇地带。在漫长的地质历史上，自然环境几经变迁，各植物区系接触、融合、特化，造就了物种丰富多样的特征，拥有野生高等植物种268科1206属3767种，集中分布有大量古老孑遗植物（图2-4）。

图2-4 古老孑遗植物——牛鼻栓

植物和孢粉化石证据表明，从古生代的晚泥盆纪（距今3.5亿年前）开始，遗产地已经出现古老和原始的植物类群如石

图2-5 石松

松（图2-5）、苏铁、蕨类中的植物，这些植物至今仍存在。经过了漫长的地质和气候变迁，第三纪前（距今6500万年前）遗产地植物区系基本形成。在早第三纪，由于印度板块向北俯冲，青藏高原快速隆起，本应为同纬度荒漠带干燥炎热的气候逐渐凉爽湿润，大量物种在此地分化、繁衍和适应。加上由于地形地貌的复杂性，第四纪冰川未像在欧洲和美洲那样造成大面积的物种灭绝，导致遗产地保存了丰富而完整的古老和孑遗物种。

现代分子系统谱系分析表明，遗产地现有的维管束植物中有139科597属起源于第三纪之前，分别占遗产地维管束植物总科、属的65.9%和55.7%，充分表明了遗产地植物区系的古老性。目前的区系成分基本是第三纪区系的后裔，并通过多条路径向不同方向扩散。现代中国大陆上最具古老性和特有性的四大科（银杏科、芒苞草科、珙桐科和杜仲科），遗产地就占了其中的3科。遗产地还富含被子植物（真双子叶类“Eudicots”）中最原始的科如木通科、金缕梅科等。事实上，中国植物区系中的单型科（仅含1属1种）共有26个，遗产地就占了11个（42.3%），这些单型科反映的是科的古老性。遗产地的中国特有属55属，占中国特有属总数（245属）的22.5%，而绝大部分（>95%）的中国特有属为单型属或者寡型属，被认为是古老孑遗的特征。同北美洲相比，东亚尤其是华中植物区系的中国特有属在裸子植物和被子植物系统基部类群有更高的多样性，反映了华中植物区系的古老性和完整性。而遗产地种子植物中国特有种占华中植物区系该类的比例高达40.7%，是华中植物区系特有属的集中分布地。

遗产地复杂多样的地形条件使其成为欧亚大陆腹地第四纪冰期气候波动过

程中重要的生物避难所，保存了丰富而完整的第三纪孑遗动物，拥有较多的单型或孑遗的科或属。提名遗产地保留了第四纪冰期之前的残遗动物大鲵、中国小鲵、巫山北鲵、白头蝰等10种古老物种。

遗产地丰富完整的古老和孑遗物种，忠实记录了华中生物区系在过去的3.5亿年的生态和进化过程。大陆漂移、地质运动和气候变迁使得此地物种分化、灭绝、繁衍、适应和避难，此地堪称第四纪冰川时期的一叶“方舟”，提供了一首生物进化与自然非凡创造力的鲜活史诗。

·红豆杉·

红豆杉，裸子植物松科的一种高大乔木，高达30m，胸径达60～100cm；树皮灰褐色、红褐色或暗褐色（图2-6）。叶排列成2列，上面深绿色，下面淡黄绿色。种子生于杯状红色肉质的假种皮中，常呈卵圆形，种脐近圆形或宽椭圆形。红豆杉因其鲜红、光滑的圆球状果实和形似杉木的树叶，故而得名。

图2-6 千年红豆杉

“红豆”之所以红，是因为种子穿着一件红豆杉科特制的纯红色“靴子”——肉质肥厚的假种皮。假种皮吸引对红色敏感的鸟类前来采食，种子连带假种皮被一起吞咽后在飞行途中顺便扩散到各地。红豆杉为中国特有树种，产于甘肃南部、陕西南部、云南东北部及东南部、贵州西部及东南部、湖北西部、湖南东北部、广西北部、安徽南部和重庆。

红豆杉为阴性树种，性喜凉爽湿润气候，最适温度20～25℃，常生于海拔1000～1200m以上的高山上部，土壤为酸性山地黄壤和红黄壤，灰岩地区未见有分布。喜肥沃湿润的森林土壤，黏重土上生长不良，干旱贫瘠地上不能生长。红豆杉生长较慢，树龄100年以上的红豆杉的胸径40cm左右。幼树需在庇荫下生长，常与阔叶树混交生长，少有成片纯林。尽管红豆杉拥有特殊的种子传播方式，但身为古老的裸子植物，远不如后期进化的被子植物适应性强。神农架拥有丰富多样的地貌和气候，在官门山、坪堑等地各种各样的悬崖峭壁生境，红豆杉投下了她美丽的身影，为大美神农架增添了无限的风光。

红豆杉树干坚实耐用，干后少开裂，可作建筑、车辆、家具、器具、农具及文具等用材。1980年代，美欧科学家相继发现野生红豆杉含有的紫杉醇对部分癌症具有治疗效果，红豆杉开始拥有“抗癌神树”称号。随着抗癌的噱头越来越火，红豆杉的树皮被疯狂剥走，越来越多的红豆杉的生命就在一夜之间戛然而止，使得红豆杉的数量急剧下降。红豆杉是经过了第四纪冰川遗留下来的古老树种，在地球上已有250万年的历史，被列入中国《国家重点保护野生植物名录》一级保护野生植物，列入《世界自然保护联盟濒危物种红色名录》濒危（EN）级别，被全世界42个有红豆杉的国家称为“国宝”，联合国也明令禁止采伐。

·连香树·

连香树为连香树科连香树属植物（图2-7）。落叶乔木，高10～20m，胸径达1m；树皮灰色，纵裂，呈薄片剥落。小枝有长枝和矩状短枝，短枝在长枝上对生。叶近圆形、宽卵形或心形，长4～7cm，宽3.5～6cm。花很小，于4月中旬开放，雄花先于叶开放，悬垂的雄蕊在轻盈的春风中释放花粉。至5月上

图2-7 连香树

旬为凋谢期；果实于9—10月成熟。分布于中国山西（西南部）、河南、陕西、甘肃、安徽、浙江、江西、湖北及四川。日本也有分布。

生在海拔650～2700m山谷边缘或林中开阔地的杂木林中。分布区的气候冬寒夏凉，多数地区雨量多，湿度大。年平均气温10～20℃，年降水量500～2000mm，平均相对湿度80%。土壤为棕壤和红黄壤，呈酸性，pH5.4～6.1，有机质含量较丰富。本种耐阴性较强，幼树须长在林下弱光处，成年树要求一定的光照条件。深根性，抗风，耐湿，生长缓慢，结实稀少。萌蘖性强，常于根基部萌生多枝。

连香树为第三纪孑遗植物，在中国和日本间断分布，对于研究第三纪植物区系起源以及中国与日本植物区系的关系，有着重要的科研价值。连香树的木材纹理通直，心材与边材区别明显，且耐水湿，是制作小提琴的理想用材。连香树的树皮与叶片含鞣质，可供提制栲胶；叶中所含的麦芽醇在香料工业中常被用于制作香味增强剂。连香树树姿优美，叶色春天为紫红色、夏天为翠绿色、秋天为金黄色、冬天为深红色，是典型的彩叶树种，极具观赏性价值。

连树香结实率低，幼苗易受暴雨、病虫等危害，故天然更新极困难，林下幼树极少。加之滥砍、滥伐森林，环境遭到严重破坏，致使连香树分布区逐渐缩小，日益萎缩，成片植株更为罕见。如不及时保护，连香树资源要陷入灭绝的境地。该种为第三纪古热带植物的单科孑遗种植物，被列入《国家重点保护野生植物名录》，是国家二级重点保护野生植物种。

·大鲵·

大鲵是隐腮鲵科大鲵属有尾两栖动物（图2-8）。体大而扁平，全长582～834mm，头体长310～585mm。头大、扁平、宽阔，头长于宽；口大，上、下颌有很多大小相似的细齿。眼小，位于头背。躯干扁平而粗壮，体侧有纵行皮肤褶。雄鲵肛部隆起，雌鲵无隆起。大鲵是世界上最大的两栖类动物，尤以中国大鲵为最，体重甚至接近7岁幼童的重量。大鲵能够发出幼童哭嚎般的声响，外加它们头大口阔、四肢粗短，宛如婴儿，于是人们称它为“娃娃鱼”。

图2-8　大鲵

主要分布于中国河北、河南、山西、陕西、甘肃、青海、四川、重庆、贵州、云南、湖北、安徽、江苏、上海、浙江、江西、湖南、福建、广东、广西。成鲵栖息在海拔1000m以下的溪河深潭内的岩洞、石穴之中，以滩口上下的洞穴内较为常见，进出一个口；洞内宽敞平坦。大鲵一般夜出晨归，常住一个洞穴。白天很少外出活动，捕食主要在夜间进行，常守候在滩口乱石间。大鲵身上斑驳深邃的色调，帮助它们隐匿在溪水之下，即使体形巨大，依然难以被发现。当猎物经过，突然张嘴捕食。食性很广，主要以蟹、蛙、鱼、虾以及水生昆虫等为食。

虽然大鲵生长缓慢，却相当长寿，在饲养条件下，有些大鲵能存活60年之久，并且终生都处于生长状态。大鲵的视力不好，主要通过嗅觉和触觉来感知外界信息，还能通过皮肤上的疣感知水中的震动，捕捉水中的鱼虾以及昆虫。

神农架地质结构复杂，水系极为发达，拥有众多的地下暗河以及幽深的山林溪谷，为大鲵提供了完美的生存环境。神农架阴峪河、东溪等地有零星的野生大鲵分布。为了能让公众一睹大鲵的庐山真面目，在官门山科普园建有大鲵馆，100多只人工养殖的大鲵在场馆的溪流中不动声色，等待你前去一探究竟。

大鲵是现存两栖动物中较为原始的种类，在科研方面具有重要价值，且是珍贵的观赏动物。由于过度捕捞作为食用日趋严重，加之水电开发和江河污染，大鲵数量锐减。20世纪80～90年代，中国大鲵资源急剧下降，许多地方资源枯竭，甚至濒临绝灭。被列入中国《国家重点保护野生动物名录》二级保护和《世界自然保护联盟濒危物种红色名录》极危（CR）级。

· 尖吻蝮 ·

尖吻蝮，蝰蛇科的一种有毒单型蛇，又称百步蛇、五步蛇、七步蛇、蕲蛇、百花蛇、中华蝮等，是亚洲地区相当著名的蛇种，在台湾及华南一带更是自古备受重视的蛇类（图2-9）。尖吻蝮全长120～150cm，大者可达200cm以上。头呈三角形，与颈部可明显区分，有长管牙。头、背面棕黑色，头侧土黄色，二色截然分明。体背棕褐色或稍带绿色，其上具灰白色大方形斑块17～19个，尾部3～5个，斑块边缘色深。腹面乳白色，咽喉部有排列不规则的小黑点，腹部中央和两侧有大黑斑。

图2-9 尖吻蝮

分布于安徽、重庆、江西、浙江、福建、湖南、湖北、广西、贵州、广东及台湾。生活在海拔100～1400m的山区或丘陵，大多栖息在300～800m山谷溪涧的森林地带，也在茶园、农田、柴堆内活动，偶尔进入村宅，出没于厨房与卧室之中。夏季喜欢在阴凉通风且有树有水的山坞活动。冬季多在树根形成的天然洞或旧鼠洞中越冬。

尖吻蝮是神农架危险的猎手，它的剧毒与诡谲的攻击家喻户晓。在木鱼镇、下谷、红坪一带的山谷，走在山间密林，也许脚下的枯枝落叶里就藏着尖吻蝮。尖吻蝮吃饱喝足后，可以在一个地方懒洋洋地待上20多天，即使是活生生的鲜草，也会因为被它压而发黄枯死。由此，尖吻蝮也有了“触草木尽死”的恶名。尖吻蝮虽毒，却不能保证自己的生存安全，野外数量不断减少，目前已成为国家保护的有益的或者有重要经济、科学研究价值的陆生野生动物，国家二级濒危保护野生动物。2020年9月，国家林业和草原局发布了《关于规范禁食野生动物分类管理范围的通知》，对尖吻蝮禁止以食用为目的的养殖活动。

第二节 特有物种富集栖息

特有种是指某一物种因历史、生态或生理因素等原因，造成其分布仅局限于某一特定的地理区域或大陆，而未在其他地方中出现。有些特有种原来就起源于该地区，这些物种因此又可以被称为该地区的固有种或土著种，比如说无尾熊和红袋鼠，都仅产于澳大利亚，而未在世界上的其他地方发现过，因此两者都是澳大利亚的固有种动物。特有种是相对于世界种而言的，但真正的世界种几乎没有，分布或几乎分布于全世界的种即使有，也极其有限。在高等植物中最多只有20～30种可以占陆地表面一半以上，占陆地表面1/4的种也不超过200种。特有现象大多发生在科以下的分类单位。某些特有种系统发育古老，与分布区内其他物种分类上隔绝，生境为远古时代即已形成的岛屿、孤峰，是由某一地质时期古老种类自然分布区缩小残留下来的，被称为古特有种。更多特有种为较低级的单位，如亚种、变种、变型。由于气候条件与相邻地区差别悬殊造成的、起源于较新的地质年代的特有种，被称为新特有种。

湖北神农架遗产地位于华中植物区系成分的核心分布地段和东洋界与古北界动物交汇区，是中国特有物种的聚集中心，是生物多样性优先保护区域（图2-10，图2-11）。

图2-10 特有植物——鄂西香茶菜

图2-11 特有植物——神农架冬青

一、特有植物

遗产地属于中国特有种3个分布中心之一，有神农架特有植物205种，隶属于58科131属，分别占遗产地维管束植物总科、属和种数的27.5%、12.2%、6.1%。在科和属的组成上，菊科有11属25种，蔷薇科有8属12种，唇形科有8属11种，而凤仙花科的凤仙花属、菊科的蟹甲草属和罂粟科的紫堇属均以7种特有种位居其他属之首，其他属均未能超过5种。其中，新发现命名的1个属是征镒麻属。遗产地有中国特有植物1793种，占神农架维管束植物总种数（不含栽培种）的50.7%，隶属于136科540属。其中，蕨类植物18科37属86种，裸子植物6科15属31种，种子植物112科488属1676种（图2-12，图2-13）。尤其是分布在神农架的55个中国特有属占全国245个中国特有属的22.4%，如此高的比例在全中国都是绝无仅有的，其中不乏亚热带的旗舰或代表物种。

图2-12　特有植物——神农架铁线莲

图2-13　特有植物——神农架乌头

·征镒麻·

征镒麻，荨麻科新种。在2011年启动的神农架地区本底资源综合调查工作中首次发现，科研人员综合传统形态学、微形态、染色体和分子系统学等证据，确立了采自于湖北神农架的荨麻科高大草本植物为一新属，并以中国著名植物学家吴征镒院士的名字正式命名为征镒麻属和新种征镒麻，在国际权威分类学杂志《Taxon》上发表（图2-14）。

注：
A 栖息地
B 习性
C 种群
D 花序
E 托叶
F 珠芽
G 根
H 花序
I 雄花
J 花梗
K 果实

图2-14 征镒麻
（引自Deng et al., 2013）

多年生草本植物，有长刺毛。根状茎横走，茎直立，高1～3m，圆柱状。不育叶腋有木质珠芽，上部茎和叶柄密，被刺毛和白色柔毛。托叶单生于叶腋，基部与茎联合。叶互生，叶宽卵形，基部浅心形至心形，边缘齿状或裂片，裂片三角形，花序单性，雄性花序近端腋生，圆锥形，直立，15～25cm；雌花序末端下垂，20～30cm，花梗2～4cm。

在神农架已发现的3000多种植物中这是唯一的神农架特有属植物，也是世界上独一无二的植物。征镒麻既是独有的，也是有毒的。作为荨麻科的一种多年生草本植物，其株高可达3m，茎、叶及叶柄都有长而稠密的螫毛。荨麻科植物普遍具有独特的有毒螫毛或刺毛，人畜一旦触及皮肤，就会出现红斑，痛痒难忍，严重时甚至能导致儿童和幼畜死亡。

神农征镒麻模式标本采集点位于神农架林区阳日镇武山湖一带的石缝溪沟，该沟非常狭小。溪沟面积仅约300m^2，两侧是悬崖及陡坡，南端沟口处有一段陡崖直接降到公路，北端沟底处有从山顶急冲而下的瀑流。种群呈斑块状集群分布于溪沟或山坡凹沟，已知植株仅500余株，处于极度濒危状态。因为神农架林区年降水量大，沟涧或山坡凹沟经常性地被雨水、洪水或泥石流冲刷或侵扰。许多植株个体从松散的乱石堆中长出，面临无规律性的泥石流冲压胁迫。

征镒麻的环境使得靠种子或果实进行繁殖和传播变得非常困难。珠芽是一种球形或卵形结构，浅黄褐色，直径3～6mm，在不育叶叶腋处有1～3个，常有不定根。借助珠芽，征镒麻就可以通过无性繁殖的方式繁衍。

征镒麻仅发现于神农架林区的狭小区域的特殊生境，经常面临着不确定性的雨水或泥石流的冲刷胁迫；繁殖器官的传播方式特殊，繁重的花果序集中生长在植株的顶端，茎秆脆而易断，尚未发育成熟的果实及种子常常会因被压断后丢失继续发育的机会。建议对分布点周边的群众进行广泛宣传教育，使他们切实了解征镒麻的特殊价值及濒危现状，积极主动地保护其特殊生境及残存种群。同时，开展异地保护方面的系统研究和引种试验。

· 小勾儿茶 ·

小勾儿茶（图2-15），鼠李科落叶灌木，高6～12m；树皮灰黑色，纵裂；小枝淡红褐色，具明显的皮孔，有纵裂纹。叶互生，椭圆形或椭圆状披针形，长6～13cm，宽2～5cm。总状花序，顶生，长3.5～5.5cm；花淡黄色，花瓣宽倒卵形或卵状菱形。果成熟时红色，长椭圆形，长约8mm，直径约3.5mm。4月上旬至5月上旬萌动发芽，5月下旬至6月上旬开花，8～9月果实成熟。

模式标本于1907年在湖北兴山采得，植物学家亨利·威尔逊（Ernest Henry Wilson）在他的著作《中国——园林之母》中详细介绍了小勾儿茶。这本书在全世界掀起一股探秘中国西部之风，但书中提到的小勾儿茶，在此后的近百年内，经过一代又一代的植物学家不断探索、寻找，却始终没有再次出现。小勾儿茶如昙花一现的仙子，只给世人留下匆匆一瞥。

直到2001年6月，科研人员在湖北五峰县后河国家级自然保护区开展野外调查，把一株不起眼的、开淡绿色小花的乔木框在了样地内。这株不知名的植

图2-15 小勾儿茶

物被采集了样本，经过与哈佛大学标本馆的模式标本照片反复比对后，确定这株植物正是消失了一个世纪的小勾儿茶。小勾儿茶由此重现于世。

小勾儿茶为我国特有种，分布极窄，分布于湖北、安徽海拔900～1200m的阔叶林中。分布区属亚热带中山地带，年平均气温8.5～10℃，年降水量约1500mm，生长期相对湿度不低于80%～85%。土壤为山地棕壤。小勾儿茶喜温暖、湿润的生境，多生于土层深厚、土质肥沃、排水良好的沟谷中下部。

截至2014年年底，全国发现的自然生长的小勾儿茶总共不到30株。神农架阴峪河、官门山就有它们分布。小勾儿茶为分布微域的特有种，对研究鼠李科属间的亲缘关系有科学意义。小勾儿茶是一种药树，具有祛风湿、活血通络、止咳化痰、健脾益气之功效，可治疗诸多疾病，可以说是极其珍贵的“茶药树”。小勾儿茶生性娇弱，对生境极为挑剔，种子发芽率极低，林地未见幼树、幼苗，天然更新不良，已处于濒临灭绝的境地，是国家二级保护野生植物。

二、特有动物

湖北神农架遗产地共有中国特有脊椎动物物种96种，是川金丝猴湖北亚种全球的现存分布地。遗产地共有神农架特有昆虫284种，占遗产地昆虫种类总数的6.6%。特别是近期发现并发表的一个昆虫新属——神农螽属，不仅增加了中国特有属的数量，而且填补了遗产地特有现象突出、特有种属丰富却缺乏遗产地本地特有属的空白，同时在另一个侧面反映了遗产地环境条件特殊，不仅有利于动植物生存与繁衍，而且也能促进动植物的分化与进化。

·川金丝猴·

川金丝猴（图2-16），猴科仰鼻猴属动物，体形中等。头顶无尖形毛冠。鼻孔向上仰，颜面部蓝色，无颊囊。颊部及颈侧棕红色，肩背具长毛，色泽金黄。尾与体等长或更长。眼圆而大，双眼皮，有黑色睫毛；瞳孔黑色，角膜蓝色，虹膜橙色。成年雄兽上犬齿发达、外露，并在嘴角有很大的瘤状（皮褶）突起。四肢粗壮，上肢短于下肢。手和脚掌皮肤深褐色，指甲黑褐色。

图2-16 川金丝猴

川金丝猴从幼年到成年毛色越来越深。成年雄性毛色艳丽，猴头有金黄色丛毛，长约50mm。颈背至臀部浅灰褐色，其中夹杂有金黄色长毛。雌性毛短而疏，尾浅灰色杂有白毛，尾端全部为乳白色毛束。

1869年，在四川夹金山西麓担任传教士的戴维（Armand David）神父发现了金丝猴，首次获得一雄一雌和一个年轻金丝猴标本，并运到巴黎自然博物馆。动物学家、巴黎自然博物馆主任来勒·爱德华（Leonard Edward）将其订名，后于1872年废弃属名，另立仰鼻猴（金丝猴）新属，中文译名仰鼻猴（金丝猴）。模式标本收藏在巴黎自然历史博物馆。

川金丝猴仅分布于中国四川、甘肃、陕西和湖北四省。在四川主要分布在大雪山、邛崃山、大凉山和岷山，并延伸到甘肃的摩天岭北坡；在陕西分布于秦岭；湖北分布区位于大巴山东段的神农架山区。

川金丝猴是典型的林栖动物，其栖息地与森林植被不可分割，常年栖息在1500～3300m的阔叶林、针阔混交林、针叶林中。川金丝猴是一种聪明、机灵、敏捷的猴子，它们能爬树，善跳跃，常常先摇动一根树枝，然后借助树枝的反弹力，一跃就是十几米。有时候它们以“荡秋千”的方式攀缘飞跃，行速极快，每小时可达40～50km。中午，猴群结群于树的中下层处于休息状态；晚上，在树上投宿。首领猴却始终在树顶层的高枝上巡视（图2-17）。川金丝猴的食性很杂，以植物性食物为主，采食多种木本、藤本植物的叶芽、枝皮和果实等（图2-18），偶尔也捕食鸟类、鸟卵、小型动物或昆虫。其食物结构有明显的季节性变化，春季主要采食植物的嫩芽、嫩叶和花蕾、花苞。

神农架川金丝猴生活在全球中纬度地区唯一一块保存完好的原始林区，是中国最东端的孤立种群，在金丝猴进化史上占有重要地位。在这里幸福生活的川金丝猴们俏皮灵动、动作优雅，浸润着神农架的传奇和神秘，惊艳了整个世界。大面积森林砍伐、林中放牧，破坏了它们赖以生存的栖息环境，造成分布区的不连续性，导致遗传退化，是川金丝猴濒危的主要原因。川金丝猴被列入中国《国家重点保护野生动物名录》一级保护、《濒危野生动植物种国际贸易公约》（附录Ⅰ、附录Ⅱ和附录Ⅲ）以及《世界自然保护联盟濒危物种红色名录》濒危（EN）物种。

图2-17　巡视中的川金丝猴

图2-18 川金丝猴食物——火棘果实

• 中华鬣羚 •

中华鬣羚，牛科鬣羚属动物。头体长140～170cm，肩高90～100cm，尾长115～160mm，耳长175～205mm，颅全长280～320mm，体重85～140kg。体高腿长，具有向后弯的短角。身体毛色黑灰或红灰，长鬃和腿部毛粗，毛层较薄。蹄子前窄后宽，四周是坚实的角质，中央则是有弹性的内垫，能像吸盘一样把身体吸在陡峭的岩石上。最显著的特质是，其颈背部有长而蓬松的灰白色鬃毛，向背部延伸的毛脊倒垂下来，足足有20cm长，所以被称为鬣羚。模式标本得自苏门答腊岛，所以又名“苏门羚”；外形看起来有点像大头山羊，又叫“明鬃羊”（图2-19）。

分布于柬埔寨、中国、老挝、缅甸、泰国、越南。在中国主要分布于甘肃、青海、浙江、安徽、湖北、江西、四川、云南、西藏、福建、广东、广西和台州等地区。在神农架主要分布在人烟稀少的崇山峻岭之中，由于加强了保护，其种群数量比较稳定。

图2-19　中华鬣羚

中华鬣羚是亚洲东南部热带、亚热带地区的典型动物之一，主要活动于海拔1000～4400m针阔混交林、针叶林或多岩石的杂灌林。通常冬天在森林带，夏天转移到高海拔的峭壁区。单独或成小群生活，多在早晨和黄昏活动，行动敏捷，在乱石间奔跑很迅速。一般早晚觅食，吃饱后便慢吞吞地前往山谷溪流喝水，其余时间则隐蔽在离取食地点不远的地方。主食木本植物的嫩枝，但也不放过草本、藤本植物，甚至也吃一些苔藓、蕨类和菌类。通常会有较为固定的觅食小路，甚至有固定的“厕所”，有时粪便堆积可达10cm。

中华鬣羚除了繁殖期外，无论在哪里看见它，都是独行状态。独来独往的鬣羚，每只都有自己固定的领地。它性情孤傲，脾气暴躁。最令人赞叹的绝技，就是如履平地一样在悬崖峭壁上攀登跳跃。遇到危险时，它会提起前蹄，大力蹬击在岩石上，就像擂动战鼓一样，发出低沉有力的敲击声，警告对方不要靠近。如果敌人继续进犯，那就用头顶锋利的尖角撞向敌人。中华鬣羚分布区内森林曾被大量采伐，栖息地遭受破坏。中华鬣羚体形较大，皮板质量上乘，常被过度猎杀。

被列入《中国物种红色名录》易危（VU）、《中国国家重点保护野生动物名录》Ⅱ级、《中国濒危动物红皮书》易危（VU）和《世界自然保护联盟濒危物种红色名录》易危（VU）、《濒危野生动植物种国际贸易公约》（CITES）附录Ⅰ。

·中华斑羚·

中华斑羚，牛科斑羚属羊类。头体长880～1180mm，肩高610～680mm，尾长115～200mm，耳长117～150mm，后足长235～285mm，颅全长184～225mm，体重22～32kg。雌雄均有角，角小，呈黑色，基部有皱纹。体毛松软而厚，冬毛呈灰黑色或深棕色，夏毛色较暗。背中线有一条黑色的纵纹，但无鬣毛。下喉部有一块明显的淡黄色大斑，四肢膝盖以下至蹄呈淡黄色。因形似山羊，又叫作“青羊”。

分布于中国、印度、缅甸、泰国、越南。在中国分布于中国东北、华北、西北、华南及西南诸省份。在神农架分布和栖息于人烟稀少的崇山峻岭，由于加强保护，其种群数量比较稳定。

中华斑羚为典型的林栖兽类，栖息生境多样，从亚热带至北温带地区均有分布。可见于山地针叶林、山地针阔叶混交林和山地常绿阔叶林，但未见于热带森林中。一般数只或10多只一起活动，年老雄性通常独居，活动范围多不超过林线上限。常在密林间的陡峭崖坡出没，并在崖石旁、岩洞或丛竹间的小道上隐蔽。冬季常在有阳光的山岩坡地晒太阳，夏季多隐身于树荫或岩崖下休息，其他季节常置身于孤峰悬崖之上，早晚下山觅食。以草、灌木枝叶、坚果和水果为食，也取食少量的苔藓、地衣等（图2–20）。

图2–20 中华斑羚夏季主要食物——地榆

被列入中国《国家重点保护野生动物名录》Ⅱ级、《中国物种红色名录》濒危（EN）级、《中国脊椎动物红色名录》易危（VU）级、《世界自然保护联盟濒危物种红色名录》易危（VU）级。

·巫山北鲵·

巫山北鲵，小鲵科北鲵属有尾两栖动物（图2-21）。形似缩小的娃娃鱼。雄鲵全长173～200mm，雌鲵146mm左右。体表背深褐色或灰褐色，散布明显的黄色大斑；腹面白色。躯干较扁，四肢较短弱，尾高且相当侧扁。唇褶明显；犁骨齿两短列，位于内鼻孔前方；鼻骨呈方形或略呈三角形；前颌囟较大。体侧肋沟多为11条。

分布于中国河南、陕西、重庆、四川、湖北。巫山北鲵俗称“小娃娃鱼”，据《中国两栖动物及其分布彩色图鉴》记载，巫山北鲵是二十世纪五六十年代动物学家依据在重庆巫山官阳采集的标本命名的。生活在海拔900～2350m的山区，成体多栖息在小型山溪中，水浅处仅淹没脚背，深处可达25cm，溪两岸植被丰富。在坡度小、较平坦、水流缓慢的溪内数目最多。巫山北鲵生活在水中石下、溪边土穴或石缝内。溪内有较多的毛翅目昆虫的幼虫，它们是巫山北

图2-21　巫山北鲵

鲵的主要捕食对象。在神农架海拔900～2350m的平缓溪流，如大龙潭、野马河、官门山河一带常常可以发现巫山北鲵的身影。

巫山北鲵是原始有尾两栖类的一种，与北鲵属的其他种类呈种间断裂分布，在喜马拉雅造山运动之前即生活在欧亚大陆的腹地，在研究小鲵科分类、系统演化方面有着重要价值。从该鲵捕食金龟子以及其他昆虫和幼虫看，对林区虫害有一定防除作用。其分布范围狭窄，种群数量稀少，对生存环境要求极为苛刻。因其生存环境和食物资源的萎缩，它们的种群数量正在快速下降，是一种濒危稀有两栖动物。这种特殊的两栖动物被列入《世界自然保护联盟濒危物种红色名录》近危（NT）级，因此我们也要更多地关注和保护它们。

第三节 珍稀濒危物种繁衍生息

珍稀濒危物种包括珍稀物种和濒危物种。珍稀物种是指不是立即有绝灭危险但是存在于很有限的地区内的物种，或虽有极大的分布范围但只是零星分布，很容易陷入濒危或绝灭的物种。由于地球史演化、气候变化、生物群落演替等自然因素或捕猎采集、植被退化、土地开发等人类活动，造成分布广的祖先种逐渐形成高度特化的稀有种，或者虽然分布范围大但种群数量很少。珍稀物种的形成可兼有多种原因，保护珍稀物种既要注意保护个体数量及其栖息生存条件、现存的种群数及其状况等生物学特性，又要注意消除威胁其生存的因素。

濒危物种是指由于滥捕、盗猎、环境破坏、数量稀少、栖地狭窄等种种原因导致有灭绝危机的物种。一个关键物种的灭绝可能破坏当地的食物链，造成生态系统的不稳定，并可能最终导致整个生态系统的崩解。导致物种濒危的原因大致可分为自然和非自然两种类型。导致物种濒危与灭绝的自然原因就是一个物种无法适应自然界生存环境的变化（宇宙演化所导致的变化）时，它将灭绝，恐龙就是一个绝好的例子。所谓非自然因素，主要是人类活动所导致的物种濒危的因素，包括了对栖息地的破坏和对物种的捕杀和过度采伐。随着人类对物种过度利用的减少，对栖息地的破坏成为当前导致物种濒危的首要原因。

一、珍稀濒危植物

中国被列入《世界自然保护联盟濒危物种红色名录》中的珍稀濒危植物聚集分布地有8处，神农架遗产地位于其中的“鄂西和湘北山地”区，是北亚热带典型珍稀濒危物种的关键栖息地。遗产地有各类珍稀濒危植物234种，隶属137属58科，占遗产地物种总数的6.3%。《世界自然保护联盟濒危物种红色名录》(2014)收录的110种隶属于47科83属，其中，易危(VU)70种，濒危(EN)33种，极危(CR)7种；收录于《濒危野生动植物国际贸易公约》(CITES，2014)的有94种，其中，附录Ⅰ级16种，附录Ⅱ级78种，除红豆杉属两个变种红豆杉、南方红豆杉之外，其余92种全部为兰科植物，如独花兰(图2-22)、扇脉杓兰、天麻(图2-23)等；收录于《国家重点保护野生植物名录》的有167种，其中，一级20种，二级147种，包括所有兰科植物。

图2-22　独花兰

图2-23　天麻

遗产地珍稀濒危植物主要分布于干扰少的阴湿沟谷及特殊生境，集中分布的海拔范围为1000～1800m。分布比较集中的地点主要有：①九冲河流域，分布有南方红豆杉、大果青杆(图2-24)、珙桐、巴东木莲、黄心夜合、石斛等兰科植物，革叶猕猴桃等猕猴桃属植物；②羊圈河流域，分布有连香树、巴山榧树(图2-25)、珙桐、红豆杉、扇脉杓兰、独蒜兰(图2-26)等兰科植物，中华猕猴桃(图2-27)、狗枣猕猴桃等猕猴桃属植物；③阴峪河流域，分

图2-24 珍稀濒危植物——大果青杆

图2-25 巴山榧树

图2-26　独蒜兰

图2-27　中华猕猴桃

布有珙桐、连香树、红豆杉、七叶一枝花等重楼属植物，京梨猕猴桃、四萼猕猴桃等猕猴桃属植物，大花斑叶兰等兰科植物；④长坪河流域，分布有红豆杉、巴山榧树、连香树、蛇足石杉、毛杓兰等兰科植物，美味猕猴桃等猕猴桃属植物；⑤马家沟河流域，分布有台湾水青冈、珙桐、红豆杉、黄花白及等兰科植物、巴东猕猴桃（图2-28）等猕猴桃植物；⑥杉树弯周围，分布有珙桐、红豆杉、城口桤叶树（图2-29）、中华猕猴桃等猕猴桃属植物、三棱虾脊兰（图2-30）等兰科植物。

图2-28　巴东猕猴桃

图2-29 珍稀濒危植物——城口桤叶树

图2-30 三棱虾脊兰

·珙桐·

珙桐是我国特有的植物，为蓝果树科珙桐属的落叶乔木（图2-31）。叶互生，阔卵形或近圆形。两性花与雄花同株，两枚大苞片初淡绿色，后为乳白色。果实为长卵圆形核果，紫绿色具黄色斑点。花期4月，果期10月。

1869年，法国传教士戴维在四川省穆坪县(现四川省宝兴县)首次发现活植株，采集标本后寄回法国自然历史博物馆。1871年，由法国植物学家亨利·欧内斯特·拜隆（Henri Ernest Baillon）利用戴维的标本，将其发表。属名为戴维的姓，种加词为“具显著总苞”之意。

后来出版《谭微道植物志》，刊登了珙桐花的彩色纵剖图。素描和彩色渲染让花枝显得栩栩如生，引发欧洲园艺界的轰动，因两枚白色的大苞片像极了飞鸽，珙桐被誉为“中国鸽子树”。1903年，珙桐被引种到英国，以后又传到其他国家，成为欧美园艺界的重要观赏树木。第三纪早期，全球气候比较温暖，珙桐广泛分布于北美洲以及俄罗斯、日本和中国东北等地。但第四纪冰期导致其发生了大规模的灭绝，仅在中国的西南与中部存留下来，分布在贵州、湖南、湖北、陕西、陕西、四川、重庆、云南及甘肃。

珙桐原生境多为温凉、湿润、多雨、多雾的山地环境。珙桐多分布在深切割的山间溪沟两侧及山坡沟谷地段，山势陡峻。土壤多为山地黄壤和山地黄棕

图2-31 珙桐

壤，pH在4.5～6.5，土层较厚，多为含有大量砾石碎片的坡积物，基岩为砂岩、板岩和页岩。在神农架主要分布于当阳河及长方河流域，海拔1400～1900m的阴湿沟谷或山坡下部阔叶林中。

珙桐被誉为北温带最有趣和最漂亮的木本植物，是驰名世界的绿化观赏树种，是我国出口创汇树种；且木材是建筑和室内装修等用材的优质原料。种子、果皮可以供榨油；树皮与果皮，可供提取栲胶或作活性炭原料；花是蜜源。珙桐种子败育严重，种子萌发困难，幼苗、幼树死亡率较高。近年来，随着珙桐知名度的提高，挖掘野生苗，过早、过多地采集珙桐果实现象常有发生。经过近半个多世纪的宣传保护，珙桐在中国已经是家喻户晓的珍稀植物。珙桐有“植物活化石”之称，被《中国植物红皮书》列为国家8种一级保护野生植物中的珍品。

·扇脉杓兰·

扇脉杓兰，属兰科杓兰属多年生草本植物（图2-32），植株高35～55cm，茎直立，被褐色长柔毛，顶端生叶。扇形叶常2枚，近对生。花序顶生，具1花；花俯垂；花瓣淡黄绿色，有紫色斑点。蒴果被微柔毛。花期4～5月，果期6～10月。叶子像蒲扇，所以也有人叫它“扇叶兰”。因为好看被称为“女神之花”，还因形状奇特被称“拖鞋兰”“大口袋花”。

分布于陕西（南部）、甘肃（南部）、安徽、浙江、江西、湖北、湖南、四川和贵州。一般生长在海拔1000～2000m的林灌下，林缘、溪谷、荫蔽山坡等湿润且腐殖质丰富的地方是它的适生区。喜遮阴、日照时间短或只有星散漏光的地方，且空气湿度大且空气能流通，有时也生于山溪边峭壁之上。只要是空气和水质、土质不符合要求，这种花就不会在此生长。受本身繁殖的局限，这种花繁殖和蔓延比较缓慢，很难形成一大片的花海。

扇脉杓兰极具生存智慧，其由花瓣特化成的囊状口袋，能进不能退，就像

图2-32　扇脉杓兰

是个陷阱。一旦花药成熟，便开始释放香气，熊蜂踏香而来。在光线、色彩、花粉的诱导下，按照它预设好的线路前进，从而帮它完成了授粉。在神农架山谷的溪流边上，春天的阳光透过高大的乔木枝叶洒在满是落叶的山坡上。在温暖的阳光滋润下，林下的扇脉杓兰悄悄地开始露头、开放。

因观赏、药用而过度采集，在野外很少能见到扇脉杓兰的身影了，它已陷入濒危状态。在2021年9月7日公布调整后的《国家重点保护野生植物名录》中，其被列为国家二级保护野生植物。

· 巴东木莲 ·

如果你在生机盎然的五月足够幸运，在神农架的常绿阔叶密林下，你会闻到一种温软的香气弥漫在湿润的空气里。顺着香气抬头仰望，一定能看到高耸的大树之上有朵朵似莲的花朵藏匿于绿叶间。这美丽而又芳香的植物，正是巴东木莲。

巴东木莲，木兰科木莲属，常绿乔木（图2-33）。其模式标本采自湖北巴东县。巴东木莲高大挺拔，笔直的树干直插云霄，叶片光洁、常绿，遮天蔽日。花期的巴东木莲则是另一番风格，浓绿的叶丛中，硕大如莲一样的白色花朵盛开着。6片雪白且肥厚的花瓣包裹着花蕊；当花朵盛开，花瓣托出鲜红的雄蕊与嫩绿的雌蕊，光彩夺目。皎洁的花朵还具有相当美妙的香气，轻盈地弥漫在整个森林。

产于湖北西部、四川东南部。巴东木莲的分布是不连续的、零星的，而且范围很狭窄，生于海拔700～1000m的常绿阔叶林中。由于其种群和个体的数量少，加之在自然状态下种子的繁殖能力差，在林下几乎找不到巴东木莲的幼苗。所以，《中国植物红皮书》中将巴东木莲列为濒危物种。巴东木莲是木莲属分布最北的种类，对研究该属的分类与分布有科学意义。

黄心夜合长得与巴东木莲非常像，又是其伴生种，因此，在大规模的黄心夜合采种过程中，由于当地老百姓对巴东木莲和黄心夜合辨认不清，在利益驱使下，他们会将巴东木莲或黄心夜合大树的枝条剔光或伐倒采种。巴东木莲已被列为国家二级保护野生植物，列入《世界自然保护联盟濒危物种红色名录》易危（VU）级。

图2-33 巴东木莲

·南方山荷叶·

南方山荷叶，小檗科山荷叶属多年生草本（图2-34），高40～80cm。有2～3片叶，下部叶柄长7～20cm；叶片盾状着生，肾形或肾状圆形至横向长圆形，长19～40cm，宽20～46cm。聚伞花序顶生，具花10～20朵。浆果球形或阔椭圆形，长10～15mm，直径6～10mm。花期5～6月，果期7～8月。

山荷叶这个名称的由来，源于它那大而圆的叶片。其叶柄和荷花一样，都是盾状着生于叶片的背面靠近中央的位置，看上去就像山间生长的一片荷叶，因此而得名。其叶大如小伞，叶片中央常积露水、雨水和雾水，山间得遇，可以托叶一饮而尽，所以也叫“江边一碗水”。南方山荷叶叶子又大又圆青翠欲滴，开出来的小白花却十分袖珍，娇小可爱。这种花神奇之处在于，遇水或淋到雨后，洁白的6片花瓣居然会逐渐变淡，甚至整朵花变得如水晶般透明，花瓣的脉络清晰可见，让人看了啧啧称奇，为之倾倒。它也因此有了“骨架

图2-34 南方山荷叶

花”“水晶花”的美誉。分布于中国湖北、陕西、甘肃、云南、四川。

生长于海拔1880～3700m的落叶阔叶林或针叶林下、竹丛或灌丛下，常与淡竹、珠子参、藤五加、杜鹃、报春等植物共生。不耐干旱和高温，生长在阴湿、耐寒的阴面山坡或水沟旁，土质疏松、红棕色的腐殖土壤中。根茎和须根可供药用，能清热、凉血、活血、止痛以及有泻下作用，主治腰腿疼痛、风湿性关节炎、跌打损伤、月经不调等症。南方山荷叶被列入《国家重点保护野生植物名录（第二批）》，为国家二级保护野生植物。

二、珍稀濒危动物

湖北神农架遗产地有各类珍稀濒危脊椎动物130种，隶属于22目46科95属，占遗产地脊椎动物总物种数的20.67%。其中，《世界自然保护联盟濒危物种红色名录》（2016）收录的濒危物种有30种，《濒危野生动植物种国际贸易公约》（CITES，2016）附录Ⅰ收录13种、附录Ⅱ收录60种。拥有极度濒危且世界最大的两栖动物大鲵及亚热带的典型代表动物川金丝猴、中华鬣羚等一批珍稀濒危物种。

哺乳动物87种，包含丰富多样的珍稀濒危物种，如川金丝猴、云豹、金钱豹、亚洲金猫、豺、黑熊（图2-35）、水獭、大灵猫、林麝、中华斑羚、中华鬣羚等。遗产地共有399种鸟类（图2-36，图2-37），且为中国三大鸟类迁徙路线的中线，是红嘴鸥、普通鸬鹚等一批珍禽的迁徙通道。分布有两栖类珍稀濒危动物17种。

图2-35 黑熊

图2-36 蓝喉太阳鸟

图2-37 赤腹鹰

· 林麝 ·

林麝（图2-38），麝科麝属体形最小的一种。成年林麝体重6～9kg，体长630～800mm，肩高小于500mm。雌、雄均无角，雄麝上犬齿发达，长而尖，呈獠牙状。耳长而直立，端部稍圆。四肢细长，后肢比前肢长，站立时后部明显地比前部高；蹄子狭而尖。腹部生殖器前有麝香囊。尾短而粗，尾脂腺发达。毛粗硬、曲折呈波浪状，呈深棕色。

分布于甘肃、青海、宁夏、湖北、陕西、西藏、四川、云南等地。林麝是一种典型的林栖动物，栖息高度可达海拔2000～3800m，低海拔环境下也能生存，常见于多岩石的针叶林和针阔叶混交林中。以树叶、嫩枝、地衣、苔藓、杂草及各种野果为食。它是一种胆小怯懦、性情孤独的动物。视觉和听觉灵敏，善于跳跃，能从平地跳起2m以上。林麝能轻快敏捷地在险峻的悬崖峭壁上行走，能登上倾斜的树干，站立于树枝上。平时雌雄分居，雌麝常和幼麝在一起。白天休息，早晨和黄昏才出来活动。遇到特殊的情况即迅速逃离或隐藏于岩石中。天敌主要有豹、貂、狐狸、狼、猞猁。

图2-38　林麝

雄麝能分泌麝香，具有极其重要的药用价值。在神农架林区，过去林麝数量很多，从其毛皮收购统计数字看，20世纪50年代约4万张，70年代8.7万张。这些数字一方面反映出神农架的林麝数量多，另一方面又反映出其猎捕量的大幅度上升，致使这一资源受到破坏。为了保护神农架的林麝资源，1985年，采取了禁猎的紧急措施，并在野生动物保护方面开展了大量的工作。目前，神农架的林麝资源量已有大幅度上升。被列入中国《国家重点保护野生动物名录》一级、《世界自然保护联盟濒危物种红色名录》濒危（EN）级和《濒危野生动植物种国际贸易公约》（CITES）附录Ⅱ。

·王锦蛇·

王锦蛇（图2-39），游蛇科锦蛇属动物。体形粗壮，成体全长200cm以上；吻鳞宽大，前额鳞长小于宽。个体间色斑变异较大，多数个体前段至中段具多个宽大黑色横斑，后段及尾多呈黑网纹；腹面黄色，腹鳞边缘呈黑色；体尾鳞片起棱明显。蛇头的背面为棕黄色，而鳞缘和鳞沟的黑色形成了“王”字形黑斑，因此得名。

主要分布于天津、陕西、广东、山东、安徽、江西、福建、江苏、上海、浙江、湖南、湖北、四川、河北、甘肃、云南、贵州、重庆、山西、北京、广西、河南、宁夏和台湾。王锦蛇耐寒、适应性强，主要栖息在海拔100～2240m的山地、平原及丘陵地带，活动于河边、水塘边、库区及其他近水域。王锦蛇性情凶猛，动作敏捷，爬行速度快且会攀爬上树。王锦蛇属于广食性蛇类，主要以蛙类、鸟类、鼠类及各种鸟蛋为食，食物缺乏时，甚至吞食自己的幼蛇或同类。王锦蛇的肛腺能散发出一种奇臭，这一能力主要是用来吓跑敌人。

图2-39 王锦蛇

王锦蛇可谓是神农架地区体形最大的蛇类动物了。在千山万壑的群山之中，王锦蛇能够清晰地盯准视野范围内的任何东西，是绝大多数小动物的天敌，当地有“一地王锦蛇，十里无毒蛇”的民间谚语。游览神农架山水之时，如有幸看到它的身影，一定要与它保持距离。王锦蛇的蛇皮曾被制作成鞋子、钱包等，是市场上的宠儿，但自2005年以来，几乎所有贸易都已停止。王锦蛇被列入《国家保护的有益的或者有重要经济、科学研究价值的陆生野生动物名录》和《世界自然保护联盟濒危物种红色名录》。

·银环蛇·

银环蛇（图2-40），眼镜蛇科环蛇属的一种动物，俗称白节黑、金钱白花蛇、白节蛇、雨伞蛇、百节蛇、百步梯、吹箫蛇、竹节蛇、白搭界、寸白蛇等。毒性极强，为陆地第四大毒蛇。银环蛇体背有白环和黑环相间排列，白环较窄。尾细长。体长100～180cm，具前沟牙。腹面

图2-40 银环蛇

污白色。头背黑褐色，背脊较高，横截面呈三角形。头椭圆形，与颈区分不明显，头背具典型的9枚大鳞片。

银环蛇分布于安徽、浙江、江苏、江西、福建、台湾、湖北、湖南、广东、广西、海南、贵州、云南。栖息于平原、丘陵或山麓近水处，常发现于田边、路旁、坟地及菜园等处。银环蛇昼伏夜出，尤其闷热天气的夜晚出现更多，但也在初夏气温15～20℃晴朗的白天出来晒太阳。性情较温和，一般很少主动咬人，但在产卵孵化或有惊动时，也会突然袭击人。会捕食泥鳅、鳝鱼和蛙类，也吃各种鱼类、鼠类、蜥蜴和其他蛇类。

神农架山峦密集，谷壑幽深，使得这里常年都保持着较为稳定的区域性小气候，这就为银环蛇的生存创造了绝佳条件。不同于那些生活在平原沼泽的亲戚，山地的银环蛇更加喜欢昼伏夜出。该物种已被列入《国家保护的有益的或者有重要经济、科学研究价值的陆生野生动物名录》《中国生物多样性红色名录》濒危（EN）和《世界自然保护联盟濒危物种红色名录》无危（LC）级。

• 短嘴金丝燕 •

短嘴金丝燕（图2-41），雨燕科小型鸟类，体长约13cm。上体烟灰色，腰部灰褐色，具褐色或黑色羽干纹；尾呈叉状。翅长，折合时明显突出于尾端。下体灰褐色或褐色，胸以下具褐色或黑色羽干纹。虹膜褐色，嘴黑色，跗跖为肉褐色，爪黑褐色。

分布在喜马拉雅山脉至中国中部、东南亚及爪哇西部。每年冬天它从东南亚飞到我国南部度假，常见于云南、四川（东南部和中部）、贵州（北部）、湖北（西部）、湖南、上海、广东、香港、广西、海南。短嘴金丝燕是典型的溶洞型栖息的候鸟，栖息于海拔500～4000m的山坡石灰岩溶洞中。通常营巢于岩壁上，巢呈浅盘形，由苔藓构成，并用涎液将这些营巢材料紧紧胶结在一起和固定在岩壁上。

白天常成群在栖息地上空飞翔。飞行时常发出“di-di-di-di”的叫声，边飞边鸣，鸣声单调而急促，显得较为嘈杂。主要以膜翅目、双翅目等各种蛾类和飞行昆虫为食，在空中边飞翔边捕食。神农架燕子垭燕子洞每年春天迎来它

图2-41 短嘴金丝燕

的居民——短嘴金丝燕。燕子洞是喀斯特溶洞，洞内湿滑，有不明生物、漏斗积水、岩石裂隙、地下暗河。短嘴金丝燕在这里疾速飞行、行动自如。它们年复一年来到神农架的深山腹地，直至深秋才恋恋不舍地离去。短嘴金丝燕在神农架的数量种群稳定在7000只左右。

该物种分布范围大，种群数量基本稳定，被列入《国家保护的有益的或者有重要经济、科学研究价值的陆生野生动物名录》和《世界自然保护联盟濒危物种红色名录》无危（LC）。

·棘腹蛙·

棘腹蛙（图2-42），叉舌蛙科的两栖动物。头宽大于头长；吻端圆，吻棱略显；舌椭圆形。前肢短，雄蛙前臂极粗壮；原拇指发达，关节下瘤明显；内掌突大而圆，外掌突窄长。后肢肥壮，胫长超过体长之半；趾端圆球状，趾间几乎全璞。皮肤粗糙，体背部长形疣排列成纵行。雄蛙胸、腹部满布大小肉质疣，每个疣上中央有1枚黑刺；雌蛙腹面皮肤光滑。体色随环境和年龄有深浅的变异。夏季夜晚常能听到“梆梆”的鸣声，一般连续叫三四个音节，个体小的音较清脆，因此，俗名“梆梆”。

图2-42 棘腹蛙

棘腹蛙分布于中国山西、陕西、甘肃、四川、重庆、云南、贵州、湖北、湖南、江西、广西，也可能分布于越南。生活在海拔400～1900m森林茂密的山溪瀑布下或山溪水塘边，溪内大小石块甚多，溪边乔木或灌木丛生。蝌蚪一般分散在小山溪水凼内，白昼多在水底或钻在石缝中；越冬蝌蚪潜伏在腐烂的水草叶下。在整个摄食过程中，棘腹蛙的行为可表现为静止、跳跃、转向、捕食、侵占、驱赶、打斗、爬行。

棘腹蛙以捕食昆虫为主，此外还捕食鼠类、蜈蚣、马陆、蜘蛛等，其有益系数为68.3%，对森林和农田害虫有明显的防除作用。棘腹蛙对水质、地质、气候等都有较高的要求，是环境监测的指示动物。棘腹蛙分布区甚宽，但因其栖息地的生态环境质量下降和过度捕捉，其种群数量减少。棘腹蛙被列入《中国生物多样性红色名录：脊椎动物卷》易危（VU）级、《国家保护的有益的或者有重要经济、科学研究价值的陆生野生动物名录》和《世界自然保护联盟濒危物种红色名录》濒危（EN）级。

第三章 生态演变 古往今来

湖北神农架遗产地是北半球常绿落叶阔叶混交林生态系统的最典型代表，拥有北亚热带最完整的垂直带谱，是研究全球气候变化下山地森林生态系统生态学过程和垂直分异规律的杰出范例；同时，是世界温带植物区系的集中发源地，全球温带分布属和落叶树种最集中的区域，少数能看到北亚热带生物群落的生物进化与演替进程的自然保护地之一，以及全球同纬度山地生物多样性和生态系统的杰出代表（图3–1）。

图3–1 神农顶

第一节　常绿落叶阔叶混交林的典型代表

植物群落在地球表面的分布是有一定规律的，主要取决于植物自身的遗传特征和其所处的环境条件。同类型的植物群落可以出现在气候相似的不同地区，气候不同，群落类型也不同。某一地区所有植物群落的总体叫作该地区的植被，整个地球表面的植物群落被称为世界植被。世界植被中的主要森林类型有热带雨林、亚热带常绿阔叶林、硬叶常绿阔叶林、温带落叶阔叶林、寒温带针叶林。

热带雨林是现存地球表面种类最多、结构最复杂的植被类型，主要分布于赤道及南北纬5°～10°的范围内，包括美洲热带雨林区、印度马来热带雨林区和非洲热带雨林区。全年气温高而温差小，年平均气温为25～30℃，年较差不超过5℃；空气湿度大，即使在白昼湿度也超过50%，有的可能达到90%以上。土壤为酸性，颜色多为红色或黄色。

亚热带常绿阔叶林是分布在亚热带地区的大陆东岸的植被（图3-2），主

图3-2　亚热带常绿阔叶林

要分布在我国从秦岭、淮河以南一直到广东、广西、海南等省的南部，东到台湾玉山山脉的中北部，西至云南中南部、贵州南部及喜马拉雅山南侧。分布区气候为亚热带海洋性气候，表现为空气潮湿，蒸发量小于降雨量，全年均较湿润。年平均气温为16～18℃，年平均降水量在1000～1500mm，主要集中于春夏季，秋冬季少雨，但无明显的干旱。

硬叶常绿阔叶林是在夏季炎热干燥、冬季温和且多雨湿润的亚热带气候条件下发育而形成的植被类型，常绿植物叶小而硬或变成刺状，形成与当地气候相适应的特点，只分布在地中海沿岸以及纬度在30～40°范围内的各大陆西部边缘地区

温带落叶阔叶林是在温带海洋性气候条件下形成的植被类型（图3-3），表现出夏季盛叶、冬季落叶的季相，主要分布于北美洲东部，中、西欧以及亚洲东部地区，在南半球几乎没有分布。气候四季分明，夏季多雨炎热，冬季干燥较冷。

图3-3 温带落叶阔叶林

寒温带针叶林主要分布于亚欧大陆北部和北美洲，在整个地球的温带陆地上形成一个非常宽广的地带，其北界也是地球森林带的北方界限。气候总体表现为夏季温和湿润，冬季十分寒冷，有些区域达到-50℃以下（图3-4）。

图3-4　寒温带针叶林

青藏高原的隆起，使受副热带高压控制下的东亚亚热带形成了全球独一无二的东亚季风型（夏季湿润、冬季干冷）亚热带常绿阔叶林，其既不同于地中海型耐旱热的硬叶常绿林，也不同于北半球同纬度的亚热带、热带荒漠植被。亚热带森林又被划分为南亚热带季风常绿阔叶林、中亚热带常绿阔叶林和北亚热带常绿落叶阔叶混交林（图3-5）。神农架正处于北亚热带，其地带性代表类型常绿落叶阔叶混交林是暖温带落叶阔叶林向中亚热带常绿阔叶林的过渡类型，由常绿和落叶两类阔叶树种混合而成，主要建群种以壳斗科树种为主，其中，落叶的主要为栎属和水青冈属等，常绿的则以青冈属、栲属和石栎属等为主。

图3-5 北亚热带常绿落叶阔叶混交林

神农架遗产地地处中国秦巴山地，位于全球200个生态区的“中国西南温带森林生态区”中的“大巴山山地常绿林生态区”，以其生态系统的独特性和完好的原始状态成为大巴山山地常绿林生态区的典型代表，地带性植被类型为常绿落叶阔叶混交林，主要建群树种为壳斗科的青冈属及樟科的樟属、木姜子属等常绿树种和壳斗科的水青冈属和栎属等落叶阔叶树种，为北亚热带保存最为完好的原始常绿落叶阔叶混交林。较之东亚亚热带其他区域，为北半球保存最为完好的常绿落叶阔叶混交林，展示了常绿落叶阔叶混交林生态系统的生物生态学过程，成为连接暖温带落叶阔叶林和亚热带常绿阔叶林不可或缺的桥梁和纽带，使中国东部保存了地球上从寒温带针叶林到热带雨林季雨林最完整的森林地带系列，成为北半球常绿落叶阔叶混交林生态系统的最典型代表。

常绿落叶阔叶混交林在神农架遗产地有17个群系。演替顶极群落主要为多脉青冈－米心水青冈林和小叶青冈－亮叶水青冈林。

1. 多脉青冈－米心水青冈林

分布于海拔1700～1800m，乔木层盖度达80%，高度10～25m，个体密集高大，由多脉青冈和米心水青冈（图3-6）混生优势种组成。有零星的地锦槭、红桦（图3-7）、铁杉、灯台树等混生。灌木层盖度30%～40%，高度50～150cm；拐棍竹、猫儿屎、细花泡花树、豪猪刺等常见于灌木层中。草本层高度10～50cm，褐果薹草占优势，细辛、山酢浆草（图3-8）、落新妇（图3-9）、麦冬等也分布于草本层中。

图3-6　米心水青冈

图3-7　红桦

图3-8 山酢浆草

图3-9 落新妇

2. 小叶青冈、亮叶水青冈林

分布于海拔1750～2000米，群落低矮，结构比较简单。乔木层除共建种小叶青冈和亮叶水青冈外，还有美脉花楸（图3-10）、石灰花楸、城口桤叶树（图3-11）、短柱柃等。灌木层盖度约35%，云锦杜鹃（图3-12）稍占优势，还有灯笼树（图3-13）、桃叶珊瑚、山鸡椒、合轴荚蒾等。林下草本层稀疏，盖度仅20%左右，仅有长穗兔儿风、对马耳蕨等少数物种。苔藓植物丰富，盖度达70%，显示了群落所处生境高湿低温的特点。

图3-10 美脉花楸

图3-11 城口桤叶树

图3-12　云锦杜鹃

图3-13　灯笼树

第二节　东方地理区最完整的垂直带谱

遗产地垂直高差达2700m，既未遭受第四纪山地冰川的全面覆盖，又免于蒙古—西伯利亚大陆反气旋与寒流的严重侵袭，却受到西南与东南季风的浸润和从热带亚热带及暖温带山地迁徙而来植物成分的补充，形成了从低海拔到高海拔完整的山地自然垂直带系统，自下而上依次形成了气候、土壤和植被的垂直类型谱。

神农架山体地势起伏，立体气候明显，具有明显的垂直气候带，从低海拔到高海拔依次呈现出北亚热带、暖温带、温带、寒温带气候特点（图3-14）。

图3-14　秋染神农架

独特的地理区位和立体气候，使神农架成为第四纪冰川时期野生动植物的避难所。

神农架拥有明显的土壤垂直带。南坡土壤垂直带谱依次为：1000m以下山地黄壤，1000～1700m山地黄棕壤，1700～2200m山地棕壤，2200～2600m山地暗棕壤，2600m以上山地灰化暗棕壤。北坡土壤垂直带谱依次为：800m以下黄棕壤，800～1600m山地黄棕壤，1600～2100m山地棕壤，2100～2500m山地暗棕壤，2500～3000m灰化暗棕壤。

神农架复杂的地形和巨大的高差、多种土壤类型和气候条件，孕育了多样植被类型，在2700m的落差内从低海拔到高海拔分布有完整的山地植被垂直带谱（图3-15）：植被依次发育为常绿阔叶林、常绿落叶阔叶混交林、落叶阔叶林、针阔混交林、针叶林及亚高山灌丛和草甸。遗产地对中国-喜马拉雅植物区系和中国-日本区系与群落的迁移、交流、混杂和演化具有极为重要的桥梁作用，在较小的水平距离范围内浓缩了亚热带、暖温带、温带和寒温带的生态系统特征，成为研究全球气候变化下山地生态系统垂直分异规律及其生态学过程的杰出范例，在Udvardy（1975）东方落叶林生物地理省具有唯一性和代表性。

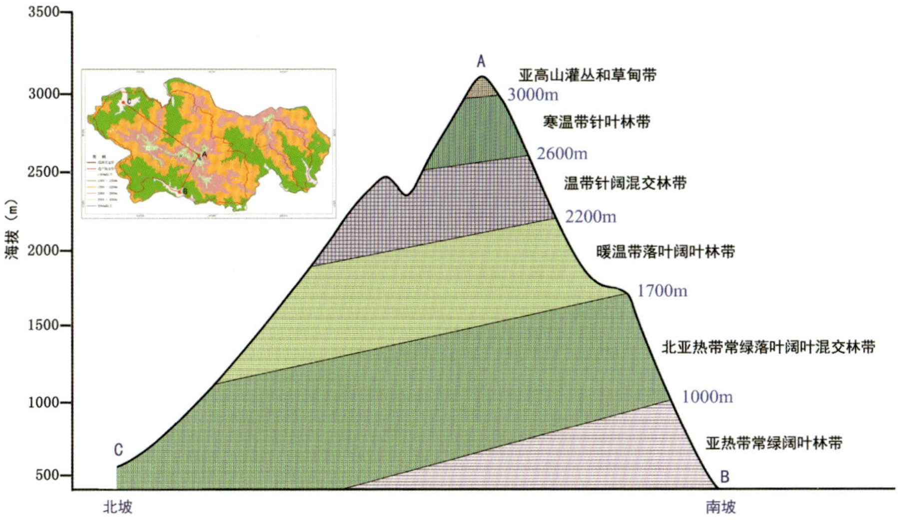

图3-15 山地植被垂直带谱

驱车自神农顶沿路而下，可以看到不同的生态系统类型，山地植被垂直谱带十分完整。虽然海拔600m以下的地区已开发成农田，但物种的组成显示仍然具有北亚热带的特征。不管是沟谷还是山坡，植被地带性特征均表现得淋漓尽致。

1. 亚高山灌丛和草甸

可以分为亚高山常绿阔叶灌丛和亚高山常绿针叶灌丛两种类型（图3–16）。神农顶下的杜鹃及箭竹灌丛，多为巴山冷杉砍伐或火烧迹地上产生的次生类型。近几年箭竹灌丛大面积开花死亡，恢复还需要一定的时间。箭竹林海景观主要分布在神农顶西坡、猴子石等地，成片的箭竹林海会使人们浮想联翩。亚高山草甸景观主要分布在猴子石、南天门、老君山等地。在这些景观带上生长着大面积的草甸，那厚厚的草甸和疏松的土壤，仿佛一床巨大的绿色毛毯铺在地上。春天，草甸中繁花似锦，蔚为壮观（图3–17）。

图3–16　亚高山灌丛

图3-17 亚高山草甸

2. 针叶林

神农架地区的针叶林是该地区一种重要的植被类型，其中，比较重要的是冷杉群落。神农架冷杉林建群种为巴山冷杉，秦岭冷杉在这一地区也有分布。巴山冷杉林在神农架主要分布在海拔2400m以上，在2600m才有大片纯林分布（图3-18）。群落组成较为单一，除巴山冷杉外，主要有粉红杜鹃（图3-19）、红桦、峨眉蔷薇（图3-20）、华山松及箭竹等。针叶林景观主要分布在金猴岭、神农顶、鹿子山、长岩屋等地。走进金猴岭原始林内，那苍劲挺拔的冷杉被藤本植物缠绕、地上根盘错节，绿苔密布，林间枝繁叶茂，遮天蔽日，加上小鸟的鸣叫和金丝猴的嬉戏，置身其中深感幽深古奥。

图3-18 巴山冷杉针叶林

图3-19 粉红杜鹃

图3-20 峨眉蔷薇

3. 针阔叶混交林

针阔混交林带，下接落叶阔叶林，上达亚高山针叶林，分布于海拔2350～2750m。巴山冷杉和红桦为乔木层优势种，盖度20～90%。树冠紧实尖峭，群落外貌呈整齐尖塔层叠状，色泽灰绿，林冠层高达30m，林冠稀疏。灌木层常见种类有峨眉蔷薇、拐棍竹、杜鹃等。草本层盖度20%以上，物种丰富度较高，自然更新幼树和幼苗较多，幼树多呈浑圆的灌丛状。

4. 落叶阔叶林

神农架地区也有落叶阔叶林分布，这类阔叶林不同于温带的植被类型，既有常绿阔叶林的亚热带山地的地带性落叶阔叶林，又有常绿阔叶林遭强度砍伐及针叶林和灌丛的自然演替形成的落叶阔叶林。组成这些落叶阔叶林的建群种主要有壳斗科的栎属及栗属，在山地中上部有壳斗科的水青冈属以及桦木科的桦木属等（图3–21）。

图3–21 神农架落叶阔叶林

5. 常绿落叶阔叶混交林

神农架位于我国亚热带的北部，常绿落叶阔叶混交林是其典型的植被之一（图3–22）。这类群落组成比较复杂，常绿阔叶树种主要有壳斗科青冈属、栎属，樟科的樟属、木姜子属、山胡椒属（图3–23），山茶科的山茶属，五列木科的柃属，山矾科的山矾属，冬青科的冬青属。落叶阔叶树种主要有壳斗科的落叶栎类，桦木科的鹅耳枥属，胡桃科的化香树属（图3–24），漆树科的黄栌属等。该区域林分组成复杂，生物种类丰富，四季景色多彩多姿，春天各种花卉竞相开放，花枝招展，香飘万里；秋天树叶由绿变黄，万紫千红。

图3-22　神农架常绿落叶阔叶混交林

图3-23　山胡椒属常绿树种——黑壳楠

图3-24　化香树属落叶树种——化香树

6. 常绿阔叶林

在中国植被区划中，神农架位于亚热带常绿阔叶林带的北部，常绿阔叶林是这里的地带性植被（图3-25）。建群种以壳斗科的青冈属和栎属中的常绿树种为主，还有樟科的楠属、山胡椒属、润楠属、木姜子属和樟属。常绿阔叶林景观主要分布在九冲河、阴峪河等低海拔地区。常绿叶林多生长于低海拔的沟边、崖上，其成分丰富多样，林下常见野生动物活动。碧水绿树配以绝壁石峰和飞禽走兽，构成了一幅幅优美的自然风景画。

图3-25 神农架常绿阔叶林

第三节 世界温带植物的发源地

中国是世界上温带植物最为集中的地区，是世界温带植物区系的发源地，有温带植物931属。著名植物地理学家宾夕法尼亚大学的李惠林博士认为，鄂西是温带植物区系最丰富的地区，是温带植物区系分化和发展的集散地。神农架遗产地被称为“华中屋脊”，有6座3000m以上的山峰，拥有华中和鄂西绝大多数植物及中国大多数的温带分布属，约有590属，相当于中国温带分布属的63.2%，就地区范围来说是中国其他任何地方所不能比拟的。特别是建群种的区系成分，如水青冈林（图3–26）应是第三纪欧、亚、美三大洲共有的古森

图3–26 台湾水青冈林

林，当时可能在北方区系的中生落叶阔叶林中占主导地位。这表明神农架遗产地汇总了中国温带属的大部分，而中国汇集了世界温带属的大部分。因此，神农架遗产地是世界温带植物区系的集中发源地，是温带植物分化、发展和集散的重要地区。

神农架气候从炎热湿润向温暖湿润演变，植被经历了从亚热带热带森林到北亚热带常绿落叶阔叶混交林的演化。晚中泥盆纪以来，神农架分布着以银杏类、苏铁类为代表的森林，其后发展为由种子蕨构成的热带森林。白垩纪以被子植物为优势和裸子植物（松柏类）构成的亚热带森林广泛分布。全新世以来，气候由炎热逐渐向温暖转变，植被由亚热带常绿阔叶林演化成常绿落叶阔叶混交林。原炎热湿润的热带植物区系逐步被现代温带植物区系所取代，三叠纪时期占优势的热带蕨类森林逐渐被温带落叶植物所替代。

神农架遗产地位于东亚植物区系的中国－日本植物区系和中国－喜马拉雅植物区系的交汇地带，是南北植物区系的混合、特化中心，过渡性明显。遗产地是温带植物区系富集地带，是世界上落叶木本植物最丰富的地区，富含古老孑遗植物区系，至今仍保留了较多的第四纪冰期之前的古老物种，很多植物是古近纪，甚至是白垩纪的残遗——炎热湿润环境下生物的后裔。遗产地炎热湿润的热带植物区系逐步被温带植物区系所取代、植被逐步从亚热带热带森林向北亚热带常绿落叶阔叶混交林演化的过程，突出代表了东方落叶林生物地理省生物群落演变和进化的过程。

· 延龄草 ·

延龄草，百合科延龄草属植物，茎丛生于粗短的根状茎上，高15～50cm。叶菱状圆形或菱形。花梗长1～4cm；外轮花被片卵状披针形，绿色，长1.5～2cm，宽5～9mm。浆果圆球形，直径1.5～1.8cm，黑紫色，有多数种子。花期4～6月，果期7～8月。1871年，美国“自然文学之父”巴勒斯出版《延龄草》。这是一本关于鸟的书，却以延龄草命名。北美洲的延龄草开花时意味着候鸟归来。延龄草果实成熟后发出美丽的光泽，植株看上去就像头顶黑珍珠的仙女，因此，又被叫作“头顶一颗珠”，非常形象又贴切（图3–27）。

图3-27　延龄草（别名"头顶一颗珠"）

在中国分布于西藏、云南、四川、陕西、甘肃、安徽和湖南。生长于海拔1600～3200m的林下、山谷阴湿处、山坡或路旁岩石下。喜生于林下阴湿、土质疏松、排水良好、腐殖质层厚、有机质含量高的林地；在光照强烈和土壤干燥瘠薄的条件下，生长不良，甚至逐渐死亡。分布区的气候温凉，湿润、多雨，云雾多，年平均气温8～12℃，年降水量1000～2000mm，相对湿度75%～90%。土壤为山地黄壤和山地黄棕壤，pH为5～6。

延龄草种子成熟时，种胚仅为多个细胞组成的细胞团，要完成"胚后熟"，之后形进入"上胚轴休眠"状态，再经过一个休眠期，才能正常萌发。第三年春天，胚根才钻出种子，长出1片真叶，高仅1.3cm，细小若松针；7月初新芽开始分化，在土中缓慢生长；11月停止生长，进入休眠期。第四年出土有2片叶。第五年出土有3片叶。第六年开始开花结果，11月进入休眠期。延龄草属间断分布于东亚与北美洲，该属形态解剖和生长发育较特殊，对研究延龄草属的系统位置以及植物区系具有科学意义。延龄草在治疗头晕目眩、高血压、脑震荡后遗症、头晕头痛、失眠等方面有其独特的疗效。延龄草是多年生草本植物，数量很少，十分珍贵，被《中国植物红皮书（第一册）》列为重点保护野生植物。

· 香果树 ·

香果树，茜草科香果树属落叶大乔木，高可达30m，胸径达1m。树皮灰褐色，鳞片状。小枝粗壮且有皮孔。叶纸质或革质，叶片阔椭圆形、阔卵形或卵状椭圆形，上面无毛或疏被糙伏毛，下面较苍白；托叶大，三角状卵形；圆锥状聚伞花序顶生，花芳香，裂片近圆形（图3-28）；变态的叶状萼裂片白色、

图3-28 香果树

淡红色或淡黄色，花冠漏斗形，白色或黄色，花丝被绒毛。蒴果长圆状卵形或近纺锤形，种子多数。花期6～8月，果期8～11月。

开花时节繁花似锦，令人迷恋。英国植物学家亨利·威尔逊在他的《中国——园林之母》中，把香果树誉为“中国森林中最美丽动人的树”。香果树特化出的白色萼片随风上下飘动，形成一幅自然天成的“蝴蝶戏花”动态图，十分显目美丽，吸引昆虫前来传粉。其主要访问昆虫为膜翅目、鳞翅目、缨翅目、鞘翅目。其中，膜翅目最多，包含中华蜜蜂、熊蜂等。分布于中国陕西、甘肃、江苏、安徽、浙江、江西、福建、河南、湖北、湖南、广西、四川、贵州、云南东北部至中部。

香果树生长在海拔430～1630m的山林中，通常散生在以壳斗科为主的常绿阔叶林中或常绿落叶阔叶混交林内，喜温和凉爽的气候和湿润肥沃的土壤。分布区内年平均气温18～22℃，年降水量为1000～2000mm，相对湿度为70%～85%。土壤为山地黄壤或沙质黄棕壤，pH为5～6。香果树在神农架主产于海拔600～1400m的山坡或山沟边林中，官门山、神农坛、潮水河、彩旗都有香果树分布。板仓电站后山腰海拔1050m处有一株香果树，高约28m，胸径186cm，树龄约300年，是神农架山地最大的香果树。

香果树是我国特有的单种属树种，中生代白垩纪孑遗植物，对研究茜草科系统发育和古植物地理区系有学术价值。香果树生长迅速，材质优良；树皮可作人造棉原料，还可作药用，具湿中和胃、降逆止呕功效；树姿雄伟，花叶秀美，可作园林绿化树种。香果树分布范围虽然较广，但多零散生长。由于毁林开荒和乱砍滥伐，加上种子萌发力较低，天然更新能力差，香果树的分布范围逐渐缩减，植株日益减少，大树、老树更是罕见。香果树属于国家二级珍稀濒危树种，建议在已建立的自然保护区内将香果树列为保护对象，禁止砍伐，保护母树，并采种育苗，营造以香果树为主的混交林。

·水青树·

水青树，水青树科仅存的一种高大落叶乔木（图3-29），高达40m，全株无毛。树皮灰褐色，片状脱落。叶片卵状心形。穗状花序下垂生于短枝顶端。果长圆形，种子条形。花期6～7月，果期9～10月。水青树是分类学上的“好种”，其属名和种加词均由英国植物学家丹尼尔·奥利弗（Daniel Oliver）提出。花无花瓣，有4枚萼片、4个雄蕊和4个心皮。种加词意思是产于中国。

历史上水青树属化石众多，分布广泛。现存水青树属仅有水青树一种。分布于中国的陕西、甘肃、湖北、四川、贵州、云南等省及印度的北部、缅甸北部、尼泊尔和不丹。生于海拔1100～3500m的常绿落叶阔叶林中或林缘。当常绿、落叶林被破坏后，往往长成块状纯林。水青树为深根性、喜光的阳性树种，幼龄期稍耐荫蔽。喜生于土层深厚、疏松、潮湿、腐殖质丰富、排水良好的山谷与山腹地带，在陡坡、深谷的悬崖上也能生长。产地气候温凉，多雨，湿度大，年平均气温7.2～17.5℃，年降水量1000～1800mm，相对湿度85%左右。土壤为酸性，山地黄壤或黄棕壤，pH为4.5～5.5。

在神农架生于海拔1600～2200m的沟谷或山坡阔叶林中，与天师栗、连香

图3-29 水青树

树等多种树混生。经验丰富的向导说，听到水响的地方，才能找到水青树，因为水青树喜欢湿润洁净的生境。水青树是第三纪留下的古老的孑遗植物，是被子植物但木材中却无导管，对研究被子植物系统和起源具有重要的科学价值。其树姿优美，是优良的观赏或行道树种。其木材轻软，纹理通直，可作家具以及胶合板和造纸原料。其茎干中含有抗人类免疫缺陷病毒及白细胞活性的化学成分，具有重要的药用价值。

由于人为采伐破坏，水青树仅存于深山、峡谷，溪边或陡坡悬崖处，多呈零星散布，自然更新困难。水青树被列入《国家重点保护野生植物名录(第一批)》二级和《濒危野生动植物种国际贸易公约》(CITES)的附录Ⅱ。

第四节 全球落叶树种的聚集地

许多乔木和灌木的叶子寿命只有一个生长季，在冬季或旱季到来之前即全部脱落，这类树木被称为落叶树，如梧桐、杨、柳（图3-30）、迎春、连翘等。落叶是植物对自然环境中不利生长条件的一种适应，这样可以大大减少水分的蒸腾，使植物顺利度过冬季的寒冷和夏季的干燥，不至于枯死。树木的叶在秋季或旱季到来之前脱落，是因为秋季树木的根和茎不再向叶输送养料和水分，叶柄基部的细胞化为黏液，与枝干形成离层，由于风力和叶本身的重力，叶柄自动脱落，叶子就纷纷离开树身，随风飘零了。

落叶树种每年只有一个生长期，具有明显的季相变化，叶的颜色丰富多彩，可分为春色叶树和秋色叶树。春季展叶呈现嫩绿、嫩红或嫩黄色，形成春意盎然、热闹、欢腾的景观效果。绝大多数落叶树种具有明显的秋色叶变化，在秋天形成一种红遍万山的景象（如枫香树），叶色在落叶前具有显著变化，如变红、黄、红褐色等；秋色叶红或紫红色的如鸡爪槭、五角槭、枫香树、乌桕、蓝果树、黄栌等；秋色叶变黄或黄褐色的有银杏、白蜡、柳、梧桐、栾、二球悬铃木、金钱松、无患子、鹅掌楸（图3-31）等；秋色叶红褐色的如水杉。

图3-30　川鄂柳

图3-31　鹅掌楸

落叶树的这些特性，铺就了大自然丰富多彩的自然植被本底，成为人类美丽家园的缔造者。一个区域落叶树木的多少是由当地的自然地理气候综合决定的。一般人以为寒冷地区落叶树木最多，其实是个误区。根据著名植物学家应俊生教授的研究，神农架遗产地是世界上落叶木本植物最丰富的地区。该地有落叶木本植物77科245属874种，分别占该地区野生种子植物总科数的44.5%、总属数的24.8%和总种数的25.4%。

全球落叶木本植物主要分布在欧洲、北美洲东部及亚洲的中国和日本。北美洲的温带落叶林物种数多于欧洲，其中大雾山国家公园被认为是北美洲落叶木本植物种类最多的地区。据世界自然保护联盟（IUCN）世界遗产中心评估报告，大雾山的温带落叶林具有世界意义，拥有全球温带森林中最丰富的落叶树种。大雾山拥有约200种落叶乔灌木，远低于湖北神农架自然遗产地的落叶木本植物的874种。

日本的温带落叶林主要分布于日本中部，其中小川森林保护区(北纬37°)是日本最有代表性也是日本温带落叶树种最多的地区，被誉为全球温带落叶木本最丰富的地区之一。然而，小川森林保护区拥有落叶木本植物不足200种，远低于湖北神农架自然遗产地的落叶木本植物种数。

因此，遗产地是世界上落叶木本植物最丰富的地区。

·紫茎·

紫茎，山茶科落叶灌木或小乔木。树皮红褐色或黄褐色，平滑，呈片状剥落。小枝红褐色。叶互生，纸质，椭圆形，叶柄带紫红色（图3-32）。花单朵腋生，白色。蒴果圆球形，种子椭圆形，亮褐色。花期6～7月，果期9～10月。因剥落后树皮非常光滑红润，所以有的

图3-32 紫茎

地方叫它“马骝光”“没皮没脸树”。

分布于河南、安徽、浙江、江西、湖北、湖南、广西、贵州、四川及云南部分地区海拔600～1900m常绿阔叶林或常绿落叶阔叶混交林林中或林缘。紫茎为中生性喜光的深根性树种，要求凉润气候，适宜生长于土层深厚和疏松肥沃的酸性红黄壤或黄壤。常与绵柯、多脉青冈、包果柯、江南桤木、瘿椒树、枫香树、木荷等树种混生。在神农架林区产于南部海拔1500～1900m的山坡或沟谷林中。

紫茎为中国特有的残遗植物，对研究东亚–北美植物区系有科学意义。其木材极坚实耐用；根皮、茎皮入药；种子油可食用或制肥皂及润滑油；树皮片状脱裂，内皮棕黄光洁、斑驳奇丽，花白瓣黄蕊、清秀淡雅，具有观赏价值。天然更新力差，由于过去对其生境破坏大，紫茎野生植株稀少，在《中国保护植物红皮书》被列为“渐危种”。

· 血皮槭 ·

血皮槭，槭树科槭属落叶乔木，别名马梨光，高可达20m（图3–33）。树皮赭褐色。小枝圆柱形。叶纸质，卵形，椭圆形或长圆椭圆形，顶生的小叶片基部楔形或阔楔形。聚伞花序，常仅有3花，花淡黄色。花期4月，果期9月。血皮槭由法国传教士保罗·法格斯（Père Paul Guillaume Farges）于1892年采集于重庆城口，最初被分类学家鉴定为毛果槭的一个变种。1900年，植物猎人亨利·威尔逊在宜昌采集到血皮槭的种子，种出约100株幼苗，使之成为欧洲和美国境内大部分血皮槭的始祖。

图3–33　血皮槭

这种植物目前在全世界都有栽培，但是它的老家在中国。分布于中国河南西南部、陕西南部、甘肃东南部、湖北西部和四川东部。生于海拔1500～2000m的疏林中。几乎全部分布在半阳坡、半阴坡、阴坡以及沟谷环境中，土壤以山地棕壤、黄棕壤、山地褐土为主，土层厚度大多在10cm左右，甚至生长在岩石缝隙中。神农架因其生境多样、植物区系古老而闻名。多种生境庇佑如血皮槭这样竞争能力不强的植物在这里仍能继续繁衍。

血皮槭最具有观赏价值的是它的树皮，从树龄很小、树干很细的时候，外面的树皮就开始一层层剥落，露出里面闪闪发亮古铜色的新嫩树皮。到了秋冬季，铜红色的树皮和似火的叶片是血皮槭最醒目的特征。佐治亚大学园艺和树木学大师迈克尔·迪尔（Michael Dirr）曾评价，血皮槭树冠紧凑，其剥离的肉桂红色树枝和整齐的三小叶在阳光下赋予温暖、丰富的色调和迷人的影子，其蜡质、蓝背、深绿色的叶子几乎把秋天点燃成橘红色。威尔逊在1925年写道：我第一次看到血皮槭后，直接被她的魅力俘虏；我一眼就认定，这是我发现的中国最好的枫树。

由于血皮槭优良的景观价值，1993年血皮槭获得英国皇家园艺学会园艺奖，2017年获得《中国花卉报》主办的“美丽中国·最美红叶”金奖。原国家林业局发布的《中国主要栽培珍贵树种参考名录（2017年版）》中，血皮槭排在落叶硬木类树种第一位。野生血皮槭结实率低，在某些地区甚至近80%的成熟大树都不结实；加之野外的人为采挖破坏，导致血皮槭数量减少，大树较少。血皮槭被《中国物种红色名录》列为我国濒危树种，在《世界自然保护联盟濒危物种红色名录》被列为易危（VU）级。

·水青冈·

水青冈，壳斗科水青冈属植物，别名凤梨子、长柄水青冈、毛洼栎子、山毛榉、九把斧、杂子树、白米树、长柄水青冈、长柄山毛榉、矮栗树。落叶乔木，高达25m。树干通直。小枝具皮孔。叶卵形或卵状披针形，长6～15cm，宽3～6.5cm。成熟总苞斗瓣裂，长1.8～3cm，密被褐色绒毛，坚果与总苞近等长或略伸出。花期4～5月，果熟期8～9月（图3-34）。

图3-34　米心水青冈林

分布于中国秦岭以南、五岭南坡以北各地。湖南、湖北、四川、贵州、云南、江西、浙江、安徽、福建、广东和广西等省（自治区）均有分布。生于海拔300～2400m的山地杂木林中，多见于向阳坡地，与常绿或落叶树混生，常为上层树种。多与桦木属、鹅耳枥属（图3-35）、槭属、杨属、化香树属、

图3-35　鹅耳枥

桤木属、柯属、锥属及栎属等种类组成茂密的混交林。水青冈属阳性树种，适生在富含腐殖质、湿润的黄壤或黄红壤。根系发达且有根瘤，固氮能力强，速生。喜温凉、湿润气候，分布区年平均气温18～20℃，冬季常有雪，寒冷期长。年降水量1500～1750mm。

水青冈起源古老，被印证为可靠的印痕化石，为典型的北温带区系成分，在我国的地理分布西界，是划分中亚热带东部和西部的标志之一，也是我国植物区系地理分布的重要分界线。树形端正，秋叶鲜黄，是长江流域观赏秋色叶的好树种；木材供家具、地板、胶合板等用；种子可食用或榨油。中国特有，为我国重要的珍贵用材树种，已被列入《中国主要栽培珍贵树种参考名录（2017年版）》。

第四章 科研圣地 名扬四海

神农架为世界范围内中国植物采集的热点，对世界植物学研究具有划时代的深远影响。神农架遗产地拥有丰富的生物种类和特殊的动植物类群，吸引了世界各地学者前来考察研究，对植物系统学的发展具有里程碑意义。神农架遗产地由于其丰富独特的植物多样性，为美化世界人居环境、推动园艺科学的发展作出了卓越的贡献，为国际园林科学开了先河，推动了园艺科学的发展。神农架遗产地拥有丰富多样的旗舰物种与代表物种和典型的森林生态系统，成为近现代亚热带生物生态学研究的热点区域；因丰富的多样性和生物生态过程，它也成为北亚热带生物生态的重要展示区（图4-1）。

图4-1 神农架珍稀植物科普展

第一节 植物分类的先驱地

神农架遗产地特殊的动植物类群吸引了世界各地学者前来考察研究（图4–2），推进了植物系统学的发展。神农架腹地为众多植物的模式标本产地，在此采集的标本为研究全球植物区系与演化的同类物种的标准。1884—1889年，威尔逊在神农架及周边地区收获了超过500个新种、25个新属，和1个新科（图4–3）。

采集神农架植物标本后，威尔逊等编写了《威尔逊植物志》，记载1907年、1908年、1910年其收集到的中国中西部木本植物近3000种。此书至今仍为研究中国木本植物及湖北、四川植被的重要参考书。这些研究专著是当时世界了解中国植物区系的窗口，在植物学界引起了巨大反响，激发了近代中外学者对包括神农架的中国植物区系的研究。例如，哈佛大学的沙坚德（C S Sargent）论述了《东亚和北美东部木本植物比较》（1913），对东亚北纬22.3°以北包括神农架地区与美国得克萨斯格兰河以北地区的木本植物进行了比较；宾夕法尼亚大学的李惠林发表了《东亚和北美东部植物区系关系》（1971），研究范围涉及华中神农架地区，在植物区系学上有重要意义。

图4–2 中美学者联合考察鄂西植物

图4-3　威尔逊在神农架考察

目前，神农架遗产地共发现模式维管束植物523种，占遗产地维管束植物种类总数的15.3%。事实上，在中国平均每25份模式植物标本就有一份来自遗产地。遗产地共发现模式动物317种，占遗产地动物种类总数的6.35%。近代的中外学者通过对神农架植物区系的全面研究，发现神农架植物特化比例很高，是中国特有植物属的一个分化中心。基于此，神农架遗产地被列为“具有世界意义的陆地生物多样性关键地区”和“重要的模式标本产地”。神农架花楸是一种易危乔木，仅分布于湖北的神农架和兴山、重庆的巫山和城口，其模 式标本由中美联合考察队于1980年采集于神农架林区（图4–4）。

图4–4　神农架模式植物标本——神农架花楸

·华中雪莲·

华中雪莲，菊科风毛菊属的多年生草本植物，是中国的特有植物。高46～61cm。根状茎斜升；茎直立，被白色稀疏的长柔毛，中部以上紫色，基部被褐色的叶柄残迹。基生叶与下部的茎生叶线状披针形，长17～30cm、宽1～1.5cm；中部茎生叶披针形，基部半抱茎；最上部茎生叶膜质，紫色，长圆状椭圆形，包围总花序。头状花序在茎顶密集成伞房状总花序。总苞狭钟状，直径1cm；总苞片约6层，紫红色，外面被稀疏的白色长柔毛。瘦果长圆形，长6mm，红褐色。冠毛淡褐色。花果期7～9月。

分布于中国湖北、四川、重庆等地。华中雪莲与天山雪莲同属于菊科风毛菊属雪莲亚属，就像一个家族里的两个孩子，对研究物种亲缘关系有重要价值。华中雪莲喜欢潮湿和凉爽，也能适应光照强烈的复杂气候环境，因此多生于海拔1850～2900m的沼泽、山坡草地、山顶，亦可见于风化带和雪线上的石隙、砾石及沙质湿地中。面对高海拔的寒冷和强紫外线，华中雪莲的生存秘诀就是厚厚的“苞片”，如同给华中雪莲穿上了“铁布衫”，防风、防雨、防晒、防寒，保护着花芽或果实。到了华中雪莲的盛花期，它在高山之上毅然怒放，展现出极强的生命力（图4–5）。

图4–5 华中雪莲

·秦岭冷杉·

秦岭冷杉，松科冷杉属乔木，高达40～50m。枝淡黄灰色或灰色。冬芽圆锥形，有树脂。叶在枝上列成2列，条形。球果圆柱形或卵状圆柱形，成熟前绿色，熟时褐色（图4-6）。种子倒三角状椭圆形，种翅宽大，倒三角形。花期5～6月，果期10月。秦岭冷杉为中国特有树种，分布于陕西南部、湖北西部及甘肃南部海拔2300～3000m地带。

图4-6　秦岭冷杉球果

秦岭冷杉生长于山沟溪旁及阴坡，常与巴山冷杉、铁杉、华山松、油松、漆木、梾木、重齿槭、红桦等树种混生。喜气候温凉湿润、土层较厚、富含腐殖质的棕壤土的立地环境，耐旱性较差。分布区年平均气温7.7℃，年降水量1347mm。在郁闭度大的林分中，天然更新不良；在林冠稀疏、排水良好的阴坡或半阴坡林缘、林窗，天然更新良好。神农架林区海拔1300～2100m的山坡有较大面积的秦岭冷杉林。在宋洛冰洞山西坡海拔1400m的山坳有一株秦岭冷杉，树高45m，胸径175cm，在6m高处分成双杆，直耸云霄，树龄约460年，是湖北省目前最大的秦岭冷杉。

秦岭冷杉在植物的系统演化及区系的研究上具有一定的科学意义，是很好的庭园绿化树种。其木材较轻软，纹理直，可供建筑等用；球果入药被称为“松墨子”，有平肝息风、调经活血、安神定志等功能；树皮和叶含芳香油，可供提取冷杉油。秦岭冷杉有隔年结实现象，种子易遭鼠类啮食，天然更新较差，加上过度采伐，分布面积日益缩小，植株数量逐渐减少。被列入中国《国家重点保护野生植物名录》二级、《中国生物多样性红色名录：高等植物卷》易危（VU）级和《世界自然保护联盟濒危物种红色名录》无危（LC）级。

· 巴山冷杉 ·

巴山冷杉，松科冷杉属植物，乔木，高达40m；树皮粗糙，暗灰色或暗灰褐色，块状开裂。叶成2列。球果柱状矩圆形或圆柱形，长5～8cm，径3～4cm，成熟时淡紫色、紫黑色或红褐色（图4-7）；种子倒三角状卵圆形。其木

图4-7 巴山冷杉

材轻软，可作一般建筑、家具及木纤维工业用材，枝叶富含营养成分且其含量较高，尤其维生素C含量特高，在食品、饮料、药物、保健品、饲料添加剂等方面具有开发价值。

巴山冷杉在中国中西部的高山上实在是太显眼了，所以很早就被来到中国的国外植物采集者发现。巴山冷杉学名就是为了纪念其发现者、法国传教士Paul Guillaume Farges (1844—1912年)，他自1867年来到中国，在重庆及周边采集了超过4000份植物标本送到法国巴黎的国家自然历史博物馆，其中大量植物是先前西方科学界未知的。

巴山冷杉为中国特有树种，分布在河南西部、湖北西部及西北部、四川东北部、陕西南部、甘肃南部及东南部海拔1500～3700m的地带。巴山冷杉林为我国亚热带区暗针叶林的主要类型之一，西起岷山山地，沿大巴山、米仓山向东至湖北神农架，由秦岭向东延至河南的伏牛山，形成以秦巴山地为其分布中心的大片或带状纯林，绵延上百千米，资源丰富。巴山冷杉耐阴，深根性，抗风力强，在湿润、深厚的微酸性土壤上生长良好。巴山冷杉生长缓慢，一旦被破坏，再恢复起来需要极漫长的时间。

神农架是巴山冷杉分布的东缘，自20世纪70年代被过度采伐后，大片的原始巴山冷杉林消失，取代的是一丛丛低矮的箭竹林和高山草甸。目前，巴山冷杉纯林仅分布于大小神农架、神农顶、板壁岩、罗圈套、金猴岭、姊妹峰以及海拔2600m以上的一些人迹罕至的无名山头，呈割裂的岛屿状分布。

第二节　西方园艺的植物源

神农架遗产地由于其丰富独特的植物多样性，为美化世界人居环境、推动园艺科学的发展作出了卓越的贡献。19世纪下半叶，法国传教士戴维和英国的亨利（Augustine Henry）在我国湖北神农架附近收集植物标本，使世界认识到湖北西部神农架高山峡谷中蕴藏着大量奇丽的花木资源。以威尔逊为代表的博物学家在19世纪末到20世纪初，将大量的神农架植物引种到世界各地栽培，并著有《中国——园林之母》，为国际园林科学开了先河，推动了园艺科学的发展。

神农架植物吸引了国内外植物学家、园艺学家的关注，众多物种被引种到欧美各地。仅1980年，美国植物学会利用中美合作考察湖北神农架的机会，就收集保存了402种植物的种质资源。22年后的跟踪研究发现，有187个物种（46.5%）以植株形式生长在全球18个植物研究机构，包括丹麦、瑞士、英国、加拿大、美国5个国家，在国际上取得广泛关注。遗产地为美化世界人居环境、推动园艺科学的发展作出了杰出贡献。同时，利用悠久的引种历史，针对原生地与引种地开展引种驯化、基因改良、不同环境条件下物种变异的对比研究，具有极其突出的现实意义，对该区的原生境保护具有全球性的普遍价值。

· 湖北海棠 ·

海棠为中国著名观赏树种，是蔷薇科苹果属多种植物的泛称。海棠花开似锦，自古以来就是雅俗共赏的名花，素有"花中神仙""花贵妃""花尊贵"之称。湖北海棠，又称野花红、茶海棠，其模式产地在大巴山区的鄂西北。湖北海棠属乔木，高达8m。小枝紫色至紫褐色，单叶互生，叶卵形至卵状椭圆形，叶缘锯齿状，叶长5～10cm，叶宽2.5～4cm。伞房花序，具花4～6朵，粉白色或近白色（图4–8）。果实椭圆形或近球形，直径约1厘米，黄绿色稍带红晕。

图4–8 湖北海棠

花期4～5月，果期8～9月。

分布于中国湖北、湖南、江西、江苏、浙江、安徽、福建、广东、甘肃、陕西、河南、山西、山东、四川、云南和贵州，生长于海拔50～2900m的山坡或山谷丛林中。喜温暖、湿润气候，对严寒的气候有较强的适应性，能耐–21℃的低温，并有一定的抗盐能力。耐旱力也较强，喜在土层深厚、肥沃、pH为5.5～7的微酸性至中性的壤土中生长，萌蘖性强。

中国是最大的苹果属的基因中心，湖北海棠是代表种之一，具有耐涝、抗旱、抗寒、抗病虫害等优良性状，是一种不可多得的优良种质资源。作为苹果砧木，湖北海棠容易繁殖，嫁接成活率高；果和叶具有药用价值，可治消化疾病；嫩叶晒干作茶叶代用品，味微苦涩，俗名花红茶。春季满树缀以粉白色花朵，秋季结实累累，甚为美丽，可作观赏树种。但是由于人为活动的影响，对其种质的保护与利用不太理想，导致湖北海棠一些地方资源日趋减少，没有被很好地保存下来，甚至有些记载过的类型现在已很难找到或已经消失。

幸运的是，湖北海棠在神农架山区分布很多，在1700～2200m的大九湖、千家坪、木鱼坪、神农顶、老君山等湖盆草甸中至今还有大面积天然原生湖北海棠林。它们要经常面对冰雪考验，可谓是神农架苍莽群山中顽强生命的缩影。神农架的湖北海棠主花期随海拔的变化而有所不同，在5月中旬到6月上旬最为繁盛，适合观赏。

·天师栗·

天师栗，亦称“猴板栗”，七叶树科七叶树属乔木（图4–9），高15～20m。树皮平滑，灰褐色，常成薄片脱落。小枝圆柱形，紫褐色。掌状复叶对生，有长10～15cm的叶柄；小叶5～7枚，长圆倒卵形、长圆形或长圆倒披针形，长10～25cm，宽4～8cm；小叶柄长1.5～2.5cm，稀达3cm。初夏开花，圆锥花序长达30cm，花白色，有芳香。蒴果有尖顶。花期4～5月，果期9～10月。

史载，东汉末年，一代天师张道陵在修道过程中亲手培育了一种果树，其果实肉嫩、色鲜、味甜，既可食用又可入药，在兵荒马乱的年代填饱了很多饥

图4-9 天师栗

饿之人的肚子，被后人称为“天师栗”。后人特作诗纪念：“天师携此种，至自上饶远。当时十七树，高干倚孤巘。苍蓬蒺藜大，紫壳槟榔软。蜀部名果中，推之为上选。”

1900年，英国植物猎人威尔逊在中国西部采集到一种类似欧洲七叶树的植物，1913年，植物学家雷德尔（Alfred Rehder）为了纪念威尔逊的“重大”发现，在为这种植物命名时直接在属名*Aesculus*后加上了其发现者名字*wilsonii*，作为其拉丁学名。

天师栗产于河南（西南部）、湖北（西部）、湖南、江西（西部）、广东（北部）、四川、贵州和云南（东北部），生长于海拔1000～1800m的阔叶林中。喜温暖湿润气候，不耐寒，深根性，生长慢，寿命长。在神农架，分布代表地有官门山、九重、坪堑。天师栗木材坚硬细密，可供建筑和细木工等用；种子脱涩后可入药，名娑罗子，性温味甘，功能宽中下气，主治胃胀、胃痛，疳积等疾。树形美观，冠如华盖，花似烛台，可做行道树或骨干景观树。

·七叶一枝花·

七叶一枝花，百合科重楼属的植物。别名重台草、白甘遂、金线重楼、九道箍、枝花头、海螺七、灯台七、土三七、七叶莲（图4-10）。重楼属植物形态独特，都是一株植物一枝茎，茎上只长一轮叶，在轮生叶顶着生黄绿色

图4-10　七叶一枝花

花一朵。花分外轮花及内轮花两个部分，外轮花与叶子很像，约有6片，而内轮花约有8片。由于叶片和花形状相近并且重叠，故被称为重楼。植株高35～100cm。根状茎粗厚，外面棕褐色；茎通常带紫红色。叶5～10枚，矩圆形、椭圆形或倒卵状披针形；外轮花被片绿色，3～6枚，狭卵状披针形；内轮花被片狭条形，通常比外轮长。蒴果紫色；种子多数，具鲜红色多浆汁的外种皮。花期4～7月，果期8～11月。

分布于陕西、山西、甘肃、河南、湖北、西藏、江西、广西等地。生于海拔1800～3200m的山坡林下及灌丛阴湿处。喜温，喜湿，喜荫蔽，惧怕霜冻和阳光。常见于有机质、腐殖质含量较高的沙土和壤土。在神农架，七叶一枝花分布在官门山、金猴岭、千家坪。民间药谚有“七叶一枝花，无名肿毒一把抓”，多用于治疗无名肿毒和毒蛇咬伤。《本草纲目》记载：“七叶一枝花，深山是我家，痈疽如遇我，一似手拈拿。”七叶一枝花叶上有叶，花中有花，果实犹如石榴籽，晶莹亮洁，格外喜人，观赏价值较高。

七叶一枝花由于药效显著，经常被挖掘，因此野生资源濒临灭绝，现在被国家列入二级珍稀濒危保护植物进行保护。人工种植七叶一枝花的技术比较成熟，农户将其作为经济作物进行繁殖栽培，有效缓解了对野生植株的采挖。

第三节 生物生态的展示区

20世纪中期以来，中国科学家与国际同行先后对湖北神农架地质、地貌、植物、动物、气候等方面开展了系统研究，并在遗产地建立了多个生物生态长期定位观测研究站（图4-11，图4-12），发表了相关研究论著达620多篇（部）。针对珍稀濒危物种的保护，原国家林业局在遗产地成立了中国首个金丝猴研究基地（图4-13），从宏观的种群与行为生态学到微观的分子遗传学对这一特有濒危物种开展了长期系统深入的监测与研究。为了对世界上现存最大的也是最珍贵的两栖动物大鲵实施有效保护与促进其繁衍生息，遗产地建立了中国首个大鲵繁殖保护研究基地（图4-14），对大鲵的繁殖生物学开展了系统研究。

图4-11　神农架站

图4-12　立体监测设施

图4-13　金丝猴研究基地

图4-14　大鲵繁殖保护研究基地

从古老的神农炎帝到西方重量级的博物学家威尔逊，再到近现代众多的生物学家，备受关注的湖北神农架遗产地的普遍价值已得到普遍认可。今天，独具突出普遍价值的遗产地，仍在续写着生与死的生物繁衍与进化历程，无疑是东方落叶林生物地理省生物与生态学开展研究的理想之地的杰出范例。驱车自神农顶沿路而下（图4-15），自上而下依次可以览胜到亚高山灌丛和草甸、亚高山针叶林、针阔混交林、落叶阔叶林、常绿落叶阔叶混交林、常绿阔叶林等生态系统类型，它们是对神农架自然遗产生物生态价值的集中展示。

图4-15 神农顶览胜

一、亚高山灌丛和草甸

神农架的亚高山灌丛主要分布于神农顶，可以分为亚高山常绿阔叶灌丛和亚高山常绿针叶灌丛两种类型。神农顶下的杜鹃及箭竹灌丛，多为巴山冷杉砍伐或火烧迹地上产生的次生类型。箭竹林海景观主要分布在神农顶西坡、猴子石等地，成片的箭竹林海会使人们浮想联翩。亚高山草甸景观主要分布在猴子石、南天门、老君山等地。在这些景观带上生长着大面积的草甸，那厚厚的草甸和疏松的土壤，仿佛一床巨大的绿色毛毯铺在地上。春天，草甸中繁花似锦，蔚为壮观。

·圆叶茅膏菜·

圆叶茅膏菜，茅膏菜科多年生草本，茎短。叶片圆形或扁圆形，长3～9mm，宽5～12mm，叶缘具长头状黏腺毛，上面腺毛较短，背面常无毛（图4–16）。聚伞花序1～2条，长8.5～21cm，腋生，纤细，具花3～8朵，苞片小，钻形。花期夏秋季，果期秋冬季。

圆叶茅膏菜虽然名字上带有“菜”字，但并非生活中常吃的蔬菜，它其实是真正的食虫植物。当小型昆虫落入它的陷阱后，就会被它的黏液粘住，只能成为它的“盘中餐”。在其黏液腺末端包含有很多的黏液腺，小型昆虫被粘住后，黏液腺末端还会向昆虫靠拢，直至将捕捉到的昆虫消化蚕食掉！只要昆虫陷入它设置的陷阱中，往往就在劫难逃了。在科研人员观测的30min内，苍蝇、蛾类、蜻蜓等昆虫纷纷落入其精心布置的陷阱中，难以挣脱，成为其“口”中餐。因此，它还有个一响亮的名字，叫捕虫草。

图4–16　圆叶茅膏菜

分布于浙江、江西、湖北、湖南、福建和广东等地。生长于海拔900～3000m的山地湿草丛中。大九湖湿地位于神农架西南部，是华中面积最大、海拔最高的高山湿地。湿地生机无限，俯下身去，会发现一大片湿地植物中隐约可见一个纤细的茎上顶着几点白色的植物，这就是捕虫高手圆叶茅膏菜。

· 筒鞘蛇菰 ·

筒鞘蛇菰，蛇菰科蛇菰属的多年生寄生肉质草本植物，高5～15cm（图4-17）。根状茎肥厚，近球形，黄褐色表面具小疣。花茎红色或黄色，中部有一环褐色筒状总苞状的鞘，3～5裂。肉穗花序顶生，椭圆形，有梗，花被2～6枚，花期7～8月。

相传，周文王曾路过美丽的武陵地区，被当地的风景所吸引，于是他一边饮酒欣赏美景，一边批阅公文。醉后不慎将笔失落山崖之下，后来这笔便化为一种草药，茎秆似笔管，头稍大，形如一支紫红色的毛笔，人称“文王一支笔”。

图4-17 筒鞘蛇菰（文王一支笔）

分布于福建（南部）、河南（西南部）、湖北（西部）、湖南（西北部）、广西、贵州、云南、西藏、四川及陕西（南部）。生于海拔2300～3600m的云杉、铁杉和栎树林中，常寄生于杜鹃属植物的根上，叶片退化成鳞片，因而没有足够的叶绿素，不能进行光合作用，从生到死，能量全靠杜鹃供给。

神农架的红坪、板仓、下谷坪、阴峪河、鸭子石等海拔1000～2000m的林下多见。全株可以入药，有止血、镇痛和消炎等功效，民间用以治疗痔疮和胃病等症。还能益肾壮阳，充分印证了“文王一支笔”的另一层含义。

·红腹锦鸡·

红腹锦鸡，雉科锦鸡属中型鸡类，又名金鸡。体长59～110cm，尾特长，38～42cm。雄鸟羽色华丽，头具金黄色丝状羽冠，上体除上背浓绿色外，其余为金黄色，后颈有橙棕色而缀有黑边的扇状羽，形成披肩状；下体深红色，尾羽黑褐色，缀以桂黄色斑点。雌鸟头顶和后颈黑褐色，体羽棕黄色，缀以黑褐色斑；脚黄色。红腹锦鸡全身羽毛颜色互相衬托，赤、橙、黄、绿、青、蓝、紫俱全，光彩夺目，是驰名中外的观赏鸟类（图4–18）。

图4–18　红腹锦鸡

为中国特有鸟种，分布的核心区域在中国甘肃和陕西南部的秦岭地区，见于河南（南部）、陕西（南部）、山西（南部）、宁夏（南部）、甘肃（东南部）、青海（东南部）、云南（东北部）、四川、重庆、贵州（东部）、湖北（西部）、海南（西部）。

栖息于海拔500～2500m的阔叶林、针阔叶混交林和林缘疏林灌丛地带。成群活动，有时集群多达30余只，春、夏季亦见单独或成对活动的。听觉和视觉敏锐，稍有声响，立刻逃遁。当危险尚远时，多在地下急速奔跑逃窜；当危险迫近时，飞翔甚快而灵巧，多急飞上树隐没。遇小片空地时，则展翅滑翔而过。白天大都在地上活动，中午多在隐蔽处休息，晚上多栖于靠沟谷和悬岩的松、栎等乔木树上。上树时多由下层枝逐级跳跃，盘旋而上。每当夜幕降临时候，常常可听到上树时翅膀扇出的“扑、扑、扑”声。

主要以野豌豆、毛樱桃、青蒿、蕨叶、悬钩子、酢浆草、蔷薇、胡颓子、箭竹、橡子、华山松、稠李、漆树、杜鹃、雀麦、栎树、茅栗和青冈子等植物的叶、芽、花、果实和种子为食，也吃小麦、大豆、玉米、四季豆等农作物，以及昆虫等动物性食物。被列入《中国濒危动物红皮书》易危（VU）级，《国家重点保护野生动物名录》二级保护和《世界自然保护联盟濒危物种红色名录》无危（LC）级。

二、亚高山针叶林

神农架冷杉林建群种为巴山冷杉，秦岭冷杉在这一地区也有分布。巴山冷杉林在神农架主要分布在海拔2000m，在2600m有大片纯林分布。群落组成较为单一，除巴山冷杉外，主要有粉红杜鹃、红桦、峨眉蔷薇、华山松及箭竹等。针叶林景观主要分布在金猴岭、神农顶、麂子山、长岩屋等地。走进金猴岭原始林内，那苍劲挺拔的冷杉被藤本植物缠绕，地上盘根错节，绿苔密布，林间枝繁叶茂，遮天蔽日，加上小鸟的鸣叫和金丝猴的嬉戏，置身其中深感沟深谷奥。

·松萝·

走近神农架的原始森林，迎接你的除了遮天蔽日的莽莽林海，还有森林中那些轻纱妙曼的松萝，挂在云杉、冷杉等高大树木的枝条上，随风摇摆，给森林增添了一丝神秘玄幻（图4-19）。让人不禁想起屈原的名作《山鬼》，“若有人兮山之阿，披薜荔兮带女萝”，女萝原来是这样子的，怪不得屈原会把它写入诗中，作为来无影去无踪的女神佩饰。

松萝，又名松落、龙须草、金钱草、关公须、天蓬草、树挂、松毛、海风藤、金丝藤、云雾草、老君须、过山龙等，松萝科松萝属地衣植物，全株为藻类和菌类共生结合成的大型地衣丝状体，枝体基部直径约3mm，主枝粗3～4mm，枝圆柱形，少数末端稍扁平。松萝是一类多年生且由真菌和藻类共生而成的生物类群，真菌把藻类包裹到自己的体内，还把吸收的水分和矿物质提供给它；藻类利用它们的叶绿素，把光合作用产生的糖类反馈给真菌。真菌和藻类相依相存，形成了这样一种优势互补的共生关系，缺了对方，谁都无法存活下去。

松萝对外界环境因素反应极为敏感。根据这一特性，人们常利用其作为监测大气污染的指示植物，在欧、美等国现已建立了大面积的监测网。松萝还是历史悠久的药材，在我国长期以来用于治疗寒热、溃疡等病症。

图4-19　松萝

松萝对生境要求严苛，不是每座山都能生长松萝。山要足够高、空气要足够湿润洁净，才有可能看到松萝。神农架处于中国南部亚热带与北部暖温带的气候过渡区域，降雨丰富，常年云雾缭绕，十分湿润，又兼人迹罕至，生境保存完好，十分适合松萝生长。神农架分布了十几种松萝，其蛋白质含量很高，是中国特有种川金丝猴冬季的食物。森林、松萝与金丝猴是相互依存的，原始森林发育出多种多样的松萝，为金丝猴提供优质的食物。保护森林是保护好松萝和金丝猴的前提，反之，保护了金丝猴也保护了森林资源。

三、针阔混交林

主要分布于神农架山地中上部，自然植被以落叶阔叶林为主，建群种有米心水青冈、锐齿槲栎、水青冈、连香树、红桦等（图4–20）。针叶树有巴山冷杉、华山松、秦岭冷杉、铁杉等。在风景垭等处有麦吊云杉零星生长，林下常见川金丝猴、中华鬣羚、金猫、金雕、松雀鹰（图4–21）、中华虎凤蝶等。

图4–20　小龙潭针阔混交林

图4-21 松雀鹰

·金雕·

金雕，鹰科真雕属大型猛禽，头具金色羽冠，嘴巨大，身体呈较深的褐色，后颈羽毛金黄色（图4-22）。亚成鸟尾羽基部有大面积白色，翅下也有白斑。虹膜栗褐色，嘴基部蓝灰色、端部黑色，脚黄色。金雕的视力超群，是出了名的大眼睛，眼睛感光细胞数量是哺乳类动物的5倍；视力是人的8倍，视角可达270°，约为人眼的1.5倍。这些超能力拓展了金雕猎捕的三维空间，就算在3km的高空，猎物的举动也看得一清二楚。

金雕的飞行速度极快。发现猎物后，金雕以等角螺线接近猎物，在看不见的空气中划出了力学的最优形态。它的翅展可达2m，俯冲时速最快可达320km，仅次于鸟类中的游隼，类似于目前的高铁速度。有了这样的神速，金雕选中的每一个猎物都在劫难逃。金雕体重达2～5.5kg，可轻易抓起超过自身体重的猎物。遇到不同体重的猎物，金雕有多样的针对性捕食策略。对于小型

图4-22 金雕

猎物，直接用利爪捏碎其头骨；对于中等猎物，会抓住起飞至一定高度，再重重摔下，如此反复直至猎物死亡；对于大型猎物，会将其拖拽或围撵至悬崖边，使其坠崖而死。

除黑龙江、吉林、广西、海南、台湾外，见于各地。金雕喜欢岩崖山区及开阔的原野，平时以捕食雉类、土拨鼠及其他哺乳动物为生。神农架有神农顶、老君山、金猴岭这样的奇山秀峰，又有阴峪河峡谷、落洋河峡谷、九冲河峡谷这些峡谷峭壁，为以金雕为代表的猛禽提供了广阔的天地和种群存续的希望。

·红腹角雉·

红腹角雉，鸡形目雉科，体形和大小与家鸡差不多，体长44～66cm，体重930～1800g。雄鸟体羽及两翅深栗红色，羽色非常艳丽，在头顶上生长着乌黑发亮的羽冠，羽冠的两侧长着一对钴蓝色的肉质角，精巧而美丽，这就是“角雉”名称的由来（图4–23）。由于雄鸟美丽的羽色和体态，人们还给它起了许多优美动听的名字，如“秀鸡”“星绣鸡”“岩角鸡”“大红鸡”等。与雄鸟相比，雌鸟的羽色就逊色多了，上体一般为灰褐色，下体淡黄色，均布满了黑色的斑纹和白色的斑点。这种天然的保护色，可以使它在孵卵时免遭天敌的袭击。

分布于陕西（南部）、甘肃（南部）、西藏（东南部）、云南、四川、贵州、重庆、湖北（西部）、湖南、广东（北部）。栖息于海拔1000～3500m的山地森林、灌丛、竹林等不同植被类型中，尤以1500～2500m的常绿阔叶林和针阔叶混交林最为喜欢，有时也上到海拔3500m左右的高山灌丛，甚至裸岩地带活动。主要以乔木、灌木、竹子以及草本植物的嫩叶、幼芽、嫩枝、种子为食。

图4–23　红腹角雉

它的胆子很小，走过林间小路时，常常先从灌木丛边伸头张望，确认没有危险时才迅速通过。多数时间都在林下地面活动和觅食，有时也上到树上觅食，夜晚栖息于树上。白天活动，多单独或成对活动，冬季亦常集成2～5只，甚至10只左右的小群活动。每当夜幕降临时，它们就悄悄地飞到树上过夜，雄鸟和雌鸟在相距不远的树上分别栖息。鸣声似小孩啼哭的“哇、哇”声，故当地群众叫它“娃娃鸡”。被列入中国《国家重点保护野生动物名录》二级保护和《世界自然保护联盟红色名录》无危（LC）级。

四、落叶阔叶林

神农架的落叶阔叶林不同于温带的植被类型，既有常绿阔叶林的亚热带山地的地带性落叶阔叶林，又有常绿阔叶林遭强度砍伐及针叶林和灌丛的自然演替形成的落叶阔叶林。组成这些落叶阔叶林的建群种主要有壳斗科的栎属及栗属，在山地中上部有水青冈属、桦木属等（图4-24）。

图4-24 锐齿槲栎落叶阔叶林

·黄喉貂·

图4-25 黄喉貂

黄喉貂，鼬科貂属食肉动物。体长56～65cm，尾长38～43cm，体重2～3kg。因前胸部具有明显的黄橙色喉斑而得名（图4-25）。头较为尖细，略呈三角形。耳部短而圆，体形柔软细长，呈圆筒状。四肢短小，但强健有力，前后肢各有5个趾，趾爪粗壮、弯曲而尖利。由于它喜欢吃蜂蜜，因而又有“蜜狗”之称。

分布于黑龙江、福建、台湾、湖北、湖南、广西、贵州、云南、西藏等地。主要栖息于海拔3000m以下的山地森林或丘陵地带的林区。穴居在树洞及岩洞中，善于攀缘树木陡岩，行动敏捷。喜晨昏活动，但白天也经常出现。黄喉貂性情凶狠，对环境的适应能力很强。常在白天活动，单独或数只集群捕猎较大的草食动物。行动小心隐蔽，视觉良好。当在林中巡游时，如闻异声，必先止步，窥听响动，观察地面的动静，如系可捕的猎物，则跳下扑杀之。其行动快速敏捷，具有很高的爬树本领，尤其是在追赶猎物时，更加迅猛，在跑动中还能进行长距离的跳跃。

在神农架板壁岩、老君山等海拔2500m以上的针阔混交林中，大龙潭、千家坪等海拔1600～2400m的落叶阔叶林，官门山、板桥等海拔1500m以下的常绿落叶阔叶混交林中，都不难见到黄喉貂的身影。黄喉貂以其瘦小的身躯，凭借着出色的生存技能和狩猎本领，一定程度上填补了神农架顶级捕食者的缺失。被列入《中国国家重点保护野生动物名录》二级保护，《世界自然保护联盟濒危物种红色名录》无危（LC）级。

五、常绿落叶阔叶混交林

神农架位于我国亚热带的北部，常绿落叶阔叶混交林是其典型的地带性植被类型。群落组成比较复杂，常绿阔叶树种主要有壳斗科青冈属、栎属，樟科的樟属、木姜子属、山胡椒属，山茶科的茶属、柃木属，山矾科的山矾属，冬青科的冬青属。落叶阔叶树种主要有壳斗科的落叶栎类，桦木科的鹅耳枥属，胡桃科的化香属，漆树科的黄栌属等。该林组成复杂，生物种类丰富，四季景色多彩多姿，春天各种花卉竞相开放，花枝招展，香飘万里；秋天树叶由绿变黄，万紫千红（图4–26）。

图4–26 米心水青冈+多脉青冈常绿落叶阔叶混交林

·花面狸·

花面狸，灵猫科花面狸属动物，俗称果子狸。头体长400～690mm；尾长350～600mm；后足长65～120mm；耳长40～60mm；颅全长100～130mm；体重3～7kg。花面狸的面部纹路因地理差异而变化，一般从前额到鼻垫有一条中央纵纹，鼻部黑色，眼下有小的白斑或灰斑，眼上有较大的白斑。身体无斑点，硬毛为锈褐色到深褐色。上门齿不紧凑，牙齿圆形，犬齿直，两侧扁平。花面狸在颜面中央和额顶有一条宽阔的显著白色面纹而得名（图4–27）。

花面狸在中国分布于长江流域及江南地区和河北、陕西等地。可见于多种森林栖息地，从原始常绿林到落叶次生林，它们还经常光顾农业区。花面狸营家族生活，常雌雄老幼同栖一穴。交配季节常成对活动。极善攀缘，能靠其灵巧的四肢和长尾在树枝间攀跳自如，觅食树果，追捕小鸟和松鼠。遇惊吓时，往往从树上跳下。若遇猎犬追赶，则上树或逃进洞穴中躲藏。主要以带酸甜味的各种浆果或核果为主食，常食多种榕树果、麻楝果以及桃、杏、梨、荔枝、龙眼等，也捕食野鸡、青蛙、蚯蚓、田螺、蚂蟥、蚱蜢等小动物。在有些地区，花面狸常到果园中盗食水果，危害玉米和未开花的棉桃，因捕食鼠类而有感染鼠疫的机会，曾从花面狸血清检出鼠疫F1抗体阳性。

图4-27　花面狸

花面狸在神农架分布较广，官门山、木鱼、红花都有它们的踪迹，主要栖息在常绿阔叶林和暖温带针阔混交林中，灌丛、岩洞、树洞或者土穴都是它们的容身之所。花面狸毛绒厚软，板质良好，毛皮可制裘、皮帽、手套，针毛可制毛刷和笔。人工饲养的花面狸皮毛产品系中国出口大宗皮张之一。

被列入《中国生物多样性红色名录》近危（LC）级，《国家保护的有益的或者有重要经济、科学研究价值的陆生野生动物名录》《禁食野生动物分类管理范围》《濒危野生动植物种国际贸易公约》和《世界自然保护联盟濒危物种红色名录》无危（LC）级。

六、常绿阔叶林

在中国植被中，神农架位于亚热带常绿阔叶林带的北部，常绿阔叶林建群种以壳斗科的青冈属和栎属中的常绿树种为主，还有樟科的楠属、山胡椒属、润楠属、木姜子属和樟属（图4-28）。常绿阔叶林景观主要分布在九冲河、阴峪河等低海拔地区。常绿阔叶林多生长于低海拔的沟边、崖上，其成分丰富多样，林

图4-28　小叶青冈常绿阔叶林

下常见野生动物活动。碧水绿树配以绝壁石峰和飞禽走兽，构成了一幅幅优美的自然风景画。

·竹节虫·

竹节虫，竹节虫科的一类昆虫，因身体细长似竹节而得名。有翅或无翅。为中型或大型昆虫，一般体长在6～24cm，最大的62cm。头卵圆形略扁，下口式。复眼小，卵形或球形，有极佳的拟态，多数种类模拟植物枝条，少数种类身体宽扁，模拟植物叶片，看上去很像竹节或树叶。竹节虫体色多为绿色或褐色，高温、低温、暗光可使其体色变深。白天与黑夜体色不同，呈节奏性体色变化。

竹节虫行动迟缓，白天静伏在树枝上，晚上出来活动，取叶充饥。竹节虫伪装得十分巧妙，它只有在爬动时才会被发现。当它受到侵犯飞起时，突然闪动的彩光会迷惑敌人。当其着地收起翅膀时，彩光就突然消失了。这种“闪色法”是许多昆虫逃跑时惯用的伎俩。

竹节虫主要分布在热带和亚热带地区，全世界有2200余种，中国有20多种，主要分布在湖北、云南、贵州等热带和亚热带地区。竹节虫大多为杂食性，随着虫龄增加，个体食叶量增大，故老龄若虫期和成虫期是主要为害期。竹节虫是森林的害虫，有的种类还为害农作物。

天敌主要有旋小蜂科、青蜂科的一些种类，主要寄生于竹节虫卵内。被寄生的竹节虫不至于马上死亡，但会食欲不振，最后死亡。此外，鼠类、鸟类和多种蚂蚁、蜘蛛、螳螂、变色树蜥也可捕食竹节虫的若虫、成虫。在神农架海拔900m以下的常绿阔叶密林中，林下低矮灌木的许多叶片被咬出半圆形的缺口，就是竹节虫干的。竹节虫靠独门绝技成为神农架森林里的隐身高手。

第三篇

师法自然 保护优先

第五章　理念引领　科学管护

从正式启动申遗，经过4年艰苦努力，历经通过国家初筛、预审通关正式上报、国内专家现场评估、IUCN专家现场评估、IUCN综合评估、世界遗产大会表决等6关，湖北神农架最终才被列入《世界自然遗产名录》。从20世纪80年代以来，神农架世界遗产地有明确的保护性命名，同时也建立了相应的管理机构和保护队伍，制定了具体的管理规定与措施（图5-1）。当地原住居民在日常生活中形成了保护自然的民间群体约定，形成了遗产保护的完整管理体系，遗产各要素得到了有效的保护。神农架世界遗产地的保护分为遗产地缓冲区、遗产地禁限区、遗产地展示区等三个功能区，构建“廊道—踏脚石—通道”连通生境的镶嵌式格局，实现神农架世界遗产地东西两片间野生动植物的交流和生态系统功能的连通。遗产地实行遗产管理局、管理所、管理站等分级保护。

图5-1　神农架国家公园管理局

第一节 申遗之路

2016年7月17日在土耳其伊斯坦布尔举行的联合国教科文组织世界遗产委员会第40届会议上，湖北神农架被正式列入《世界自然遗产名录》，荣膺“世界自然遗产地”称号（图5-2），神农架因此成为我国首个同时录入联合国教科文组织世界生物圈保护区、世界地质公园、世界自然遗产三大国际自然保护地的地区。回顾申遗之路，湖北神农架从2012年3月正式启动申遗，经过4年艰苦努力，历经6关，最终才被列入《世界自然遗产名录》。

图5-2 世界遗产委员会第40届会议——湖北神农架被列为世界自然遗产

一、通过国家初筛

2014年5月23日，住房和城乡建设部（以下简称住建部）城市建设司在神农架组织召开湖北神农架申报世界自然遗产专家咨询会。中国科学院植物研究所谢宗强研究员就“神农架申遗生物多样性全球普遍价值前期研究”、中国地质大学（武汉）李江风教授就“神农架申报世界自然遗产之地质基础”分别进行了汇报。IUCN世界遗产项目资深专家桑赛尔（James Thorsell），国内专家马克平、梁永宁、李江海、周志强等对神农架遗产的核心价值和申遗标准进行了分析和评估，建议湖北神农架按照《实施世界遗产公约操作指南》列入世界自然遗产标准9和标准10进行申报。

2014年6～9月，中国科学院植物研究所谢宗强团队受神农架国家级自然保护区管理局委托，针对列入世界自然遗产标准9和标准10，提炼湖北神农架的全球突出普遍价值，并划定足够的遗产地面积确保自然遗产完整性，完成湖北神农架遗产中英文申报文本及11个附件材料，达35万字。2014年9月15日，住建部在北京组织召开湖北神农架申遗专家评审会，正式将湖北神农架确定为中国政府2016年度向联合国教科文组织世界遗产中心申报世界自然遗产的唯一项目，标志着湖北神农架通过了申遗第一关——国家筛选关（图5-3）。

图5-3　湖北神农架通过国家筛选

二、预审通关正式上报

2014年9月30日，中华人民共和国联合国教科文组织全国委员会致函联合国教科文组织世界遗产中心，报送湖北神农架申遗文本接受预审。2014年

11月14日，联合国教科文组织世界遗产中心来函，明确将湖北神农架纳入2016年世界遗产申报项目，要求于2015年1月30日前正式报送湖北神农架申遗文本至世界遗产中心。2015年1月19～29日，湖北神农架申遗材料在分别报送住建部、教育部和外交部会签后，报国务院审查，李克强总理签批。聘请专人将中国政府批准的湖北神农架申遗材料报送到联合国教科文组织世界遗产中心，标志着湖北神农架通过申遗第二关——世界遗产中心预审。

三、国内专家现场评估

2015年4月，联合国教科文组织世界遗产中心发来通知，将于2015年6～10月派遣IUCN专家，对湖北神农架世界自然遗产地进行现场考察评估。2015年5月29日至6月2日，住建部组织国内知名遗产专家对湖北神农架遗产地进行现场考察评估（图5-4），拟定联合国专家现场考察评估时间为8月上旬和8月下旬两个时间段，标志着湖北神农架申遗迈过了第三关——国检关（图5-5）。

图5-4 国内专家现场检查指导神农架申遗工作

图5-5 湖北神农架通过国内专家现场检查

四、IUCN专家现场评估

2015年8月19～25日，联合国教科文组织世界遗产中心委派IUCN专家布鲁斯·杰弗里斯（Bruce Jefferies），对湖北神农架世界自然遗产地开展现场考察评估（图5-6～图5-9）。布鲁斯·杰弗里斯通过实地考察，认为申遗文本高度凝练了湖北神农架遗产地的全球突出普遍价值。同时，提议将湖北巴东金丝猴自然保护区纳入湖北神农架地及其缓冲区提升确保遗产地的完整性。2015年10月12日，世界遗产委员会咨询机构IUCN正式来函，要求按照湖北神农架申遗的2条标准，论证湖北巴东金丝猴自然保护区对湖北神农架遗产地全球突出普遍价值的补充，并按要求的时间节点提交材料。2015年11月16日，按照IUCN将巴东金丝猴自然保护区部分区域纳入遗产地范围的建议，中国科学院植物研究所完成拓展巴东的全球突出普遍价值论证和相关补充材料、范围科学划定和评估报告的编制，并提交到世界遗产中心。至此，湖北神农架申遗闯过了第四关——IUCN专家现场评估关（图5-10）。

图5-6 IUCN专家考察官门山标本馆

图5-7 IUCN专家考察南天门植被

图5-8 IUCN专家考察珍稀植物

图5-9 IUCN专家与社区居民座谈

图5-10 通过IUCN专家现场评估

五、IUCN综合评估

2015年12月17日，IUCN来函要求对湖北神农架遗产地道路阻碍动物交流、机场助推游客暴增、跨区协调管理和资金投入等4方面给出解决方案和政府保证。随后，中国科学院植物研究所按要求阐明上述4方面的应对实施计划，完成补充报告，于2016年2月20日提交IUCN。2016年4月5～12日，住建部组织湖北神农架申遗团队访问IUCN总部，与IUCN世界遗产项目主管及相关官员就湖北神农架遗产提名地的全球突出普遍价值、保护管理及整改方向面对面进行沟通交流（图5-11）。随后代表团一行访问联合国教科文组织世界遗产中心总部，交流湖北神农架申遗进展工作（图5-12）。2016年5月，IUCN致函住建部，反馈《湖北神农架世界自然遗产评估报告》，明确建议世界遗产委员会将湖北神农架按照自然遗产标准9和标准10列入《世界自然遗产名录》，并请缔约国(中国)对评估报告内容进行核对。这标志着湖北神农架申遗通过了第五关——IUCN综合评估关。

图5-11　申遗团队访问IUCN总部

图5-12　申遗团队与世界遗产中心交流湖北神农架申遗进展

六、成功入选

2016年7月17日，在土耳其伊斯坦布尔召开的第40届遗产大会上，湖北神农架被联合国教科文组织世界遗产委员会正式列入《世界自然遗产名录》（图5-13）。湖北神农架申遗闯过了最后一关——世界遗产大会表决关，成为我国第11项世界自然遗产项目，使中国的世界遗产总数达到50项。湖北神农架也成为中国首个被联合国教科文世界自然遗产名录、世界地质公园网络、世界人和生物圈计划同时记录在案集多头衔于一体的国际知名保护地。2017年6月10日，在我国首个“文化和自然遗产日”大会上，联合国教科文组织副总干事格塔丘·恩吉达向湖北神农架授予了世界自然遗产牌匾（图5-14），并发布了世界遗产《神农架宣言》。

图5-13 第40届世界遗产大会

图5-14　联合国教科文组织向湖北神农架授予世界遗产牌匾

第二节　保护历史

湖北神农架遗产地地处鄂西北大山深处，地势险峻、原始植被覆盖、交通封闭，其突出的资源价值直到20世纪50年代中至60年代初才被认识。在此之前，遗产地一直处于自然外力的作用之下（图5-15）。因此，遗产地的资源环境依旧保存完好。

遗产地原住居民自古以来就有制定乡规民约保护生态环境和自然资源的传统，历经时代的变迁，仍然在发挥着重要作用。如“封山育林”“严禁挖山采石、毁林开荒、建窑烧炭、狩猎打鸟、毒鱼炸鱼”等被广泛接受的民约，已成为当地居民共同制定、共同遵守的一种原始的民间法规。当地原住居民的风俗文化、宗教信仰均尊重自然，认为自然界中的万物都是有灵的，神山、古木神圣不可侵犯，动物不能随意猎取，一旦犯忌，便要遭到惩罚。加之人们较多信仰佛教、道教，不仅有不杀生的信念，而且还有放生的习俗。神农架至今保留有同治元年（1862年）、光绪十三年（1887年）两块清政府时期石碑，分别镌

图5-15 百年前的神农顶

刻“严禁山林”“严禁石木”字样，是神农架古代保护山林的“石碑双壁”。国民政府期间，组织了2次大型的湖北神农架森林探察活动，完成《神农架探察报告（1943年）》和《神农架森林勘查报告（1947年）》2个有关神农架森林资源状况的报告，为神农架保护和管理提供了重要的资料支持。

1956—1960年，湖北原林业厅、国家原林业部相继勘测神农架，编制《神农架林区规划方案》，并提出以大、小神农架为中心约20km^{2}范围划定自然保护区（图5-16，图5-17）。1980年7月，湖北省人民政府组织科技人员，对神农架进行了综合考察，充分肯定了神农架建立自然保护区的必要性（图5-18，图5-19）。1982年，湖北省批准建立湖北神农架自然保护区，更加注重迹地更新和人工造林，开始神农架开发建设史上的战略大转移（图5-20）。1986年7月，国务院批准神农架自然保护区为国家级森林和野生动物类型自然保护区。随着2000年天然林全面禁伐，神农架告别“一木独大”的产业格局，木头经济逐步向生态经济转轨。据不完全统计，神农架因生态保护而关闭的工矿、森工企业有110多家，因关闭或调整而减少的工业总产值达25.6亿元，减少工作岗位8000多个。

图5-16　路桥建设

图5-17　开山修路和风钻手

图5-18　中美联合考察神农架植物（一）

图5-19　中美联合考察神农架植物（二）

图5-20　神农架自然保护区建立

继湖北神农架自然保护区建立后，神农架的各类保护地也陆续建立：1990年12月17日，加入联合国教科文组织世界生物圈保护区网；1992年，入选世界银行全球环境基金资助的中国自然保护区管理项目示范保护区。之后，大九湖湿地省级自然保护区、国家森林公园、国家地质公园、国家湿地公园、世界地质公园、国际重要湿地等一批国家和世界级保护地相继成立。各类保护地的建立加强了重要区域、重要动植物资源的保护。2016年7月17日，第40届联合国教科文组织世界遗产委员会会议（世界遗产大会）把中国湖北神农架列入《世界自然遗产名录》。

为了更有效保护自然生态系统的原真性、完整性（图5–21），2016年神农架国家公园试点探路大保护。试点以来，湖北省人民政府组建国家公园管理局，参照园区的资源分布、山水格局、行政边界条件，以自然生态资源保护为主，整合重组了原有的世界级、国家级、省级11种类型的保护地，建立了“局机关—管理处—管护中心”三级管理体系，在保护生态系统完整性的前提下，对各类生态系统进行严格管护、精细化管理，对不同类型的管理区域实行不同

图5–21 保存完好的常绿落叶阔叶混交林

的管理措施和利用方式，科学编制了总体规划，实现国土空间山水林田湖草大保护、大科研、全监管，填补我国自然保护体系中严格保护与利用之间管理模式的空缺，基本解决各类保护地交叉重叠、管理碎片化问题，实现了“一个保护地、一个管理机构、一套班子”管理的目标。同时，联合毗邻的6个国家级自然保护区，率先成立了鄂西渝东毗邻自然保护地联盟，实现各保护地间联通联保联防（图5-22）。2018年5月1日，湖北省《神农架国家公园保护条例》正式实施，禁止一切砍伐狩猎捕捞活动，禁止新建、改建、扩建矿产资源开发、水电等项目，标志着神农架进入最严立法保护时代。

图5-22　鄂西渝东毗邻自然保护地联盟成立

第三节　分区分级管理

一、功能分区

通过相应的专题研究，找出影响核心资源保护的关键因子，构建神农架世界遗产地资源保护重要性评价体系，对各核心保护对象进行重要性评价，结合土地利用、自然地理界、保护历史等实际和神农架相关规划，最终将神农架世界遗产地的保护分为遗产地缓冲区、遗产地禁限区、遗产地展示区等3个功能区（图5-23）。

缓冲区是在遗产地外围起保护作用的过渡区域，以维持遗产地生态系统、生物多样性和自然景观的完整性。缓冲区是为保护遗产地突出普遍价值而确定的外围保护地带，是隔离外来干扰的防护区域，目的在于使遗产地内生态环境免受人为不当活动干扰或恶意入侵，为遗产地内动植物生长繁殖提供足够的栖息空间和外围生态环境，同时是遗产地自然生态保护区与外围区域的一个过渡或隔离地带。缓冲区作为一种将保护与适度发展相结合的区域，使得遗产地的资源环境保护呈多层渐变特征，使不同层次的资源受到不同程度的保护。缓冲区按照展示区的要求管理，控制机动交通工具的进入量，控制民居规模、限制过度林茶业发展，全面实行生态恢复，防止水土流失，禁止建设影响景观、污染环境、破坏生态的项目和设施。临界巴东交界处为巴东沿渡河省级自然保护区，对遗产地起到了缓冲和保护的作用，故此，此处未设置缓冲区。同时，遗产地最北侧缓冲区设置较窄，原因是此处山高坡陡，人烟稀少，人为活动和干扰轻。遗产地的缓冲区实施了相应的保护措施，由政府财政给予保护补偿。

图5-23 世界自然遗产地界牌

禁限区是反映自然遗产地突出普遍价值的核心区域，具有极高的生态价值和科研、教学价值。严格保护遗产地重要的濒危特有物种及其栖息地、代表性生态系统及其自然演替的生态过程。禁限区内的生态系统与自然景观必须维持原始自然状态，可适当开展观光游览活动和科教旅游活动。禁限区内禁止建设任何与当地环境不协调的建筑与构筑物。游览设施建设限于步行道、标识牌、环卫设施、科教点、休憩设施、结合保护点设立的简易服务点等，严禁在禁限区设立度假村、宾馆、招待所、培训中心、疗养院等大型服务设施，除总体规划确定的车行道外，严禁随意建设景区道路。区内不符合规划、未经批准以及与资源保护无关的各项建筑物、构筑物和车行道，都应当限期进行整改，分别做出搬迁、拆除或改作他用的处理。加强禁限区的旅游与环境监测，以确保资源的永续利用。限制环保旅游区间车以外的机动车进入本区。

展示区可安置必需的游客服务设施与基础设施，是遗产地内旅游活动就近补给服务的主要区域，限制与风景游赏无关的建设项目（图5-24）。本区内可根据旅游活动的需要开筑必要的景区车行道，但必须以景观冲击评价为依据，

图5-24　神农架旅游集散中心

避免在可能带来较大景观冲击的高敏感部位切坡和建设。游览设施可开辟步行道、公厕、科教设施、小型服务点等。各种建设项目要与遗产地生态环境和景观相协调，禁建任何大型服务设施。

二、分类保护

在签订《世界遗产公约》时，每个国家都已经承诺要竭尽全力保护、保存、鉴定、展示世界遗产并将它们传至后代。因此，在落实世界遗产保护时，各世界遗产地要做好功能分区的工作，实现自然遗产的严格保护与永续利用的和谐统一。在资源调查和分析的基础上，明确神农架世界遗产地多项核心资源作为重点保护对象，从不同角度和层面实施分类保护与管理。

（一）连通东西两片

由于历史上的人类活动，导致神农架遗产地由互不相连的东西两片组成，最近间隔3.0km，最远间隔13.4km，并有G347国道穿越中间的缓冲区。近年来，天然林资源保护、退耕还林等工程实施后，该缓冲区的生态环境得到有效保护与恢复。植被类型和生态系统丰富多样，植被覆盖率高达95%，为东西两片连通提供了优质的自然本底。

1.建设生态廊道

生态廊道是促进破碎化景观连通、促进动植物迁移扩散的关键措施。神农架遗产地东西两片间缓冲区的北部和南部区域，人为干扰极少、植被覆盖率超过97%，生境质量完好，连续分布有天然植被的区段的最窄宽度分别达2.5km和1.4km，均满足廊道建设的最小宽度需求。在东西两片间缓冲区的南部和北部各建廊道1条。

南部区域含有一个小流域，廊道建设应包括该小流域，以最大限度满足中低海拔水生生物和两栖动物迁移与交流的需求，虽流域内植被并非完全连续分布，有少量居民点（31户）和耕地，但生境质量仍很高，通过移民搬迁、植被恢复、自然封育等手段可使其达到廊道建设的需求，具备进一步拓宽廊道的可行性。南部拟建廊道长度8.5km，最大宽度5.3km，最小宽度2.7km，海拔范围900～2700m，廊道内天然植被覆盖率达97%。

北部拟建廊道长度12km，最大宽度4.6km，最小宽度2.5km，海拔范围1700～2900m，廊道内天然植被覆盖率达98%。廊道建成后可有效满足活动于中高海拔动物的交流与生态功能的连接。

2. 构建踏脚石

踏脚石是促进破碎景观连通的辅助措施，其面积和间距是踏脚石功能发挥的关键要素。踏脚石面积必须大于体形最大目标物种短暂休憩所需的最小面积，常用最大目标物种的核心家域大小确定踏脚石的最小面积。踏脚石间距是指相邻踏脚石间或者其与保护地间的距离，由最小的生境专性物种的日移动距离确定。

神农架遗产地内体形最大动物亚洲黑熊的核心家域是踏脚石面积的低限。东西两片间缓冲区海拔740～2900m，通过该海拔段迁移的生境专性物种主要是大中型兽类，黄喉貂是其中的最小物种，其日移动距离中值2051m是踏脚石间距的最大限值。

神农架遗产地东西两片间缓冲区中部区域的植被覆盖率达93%，尽管有小斑块状农田和居民点分布，但仍以天然林生境斑块为主。多个生境斑块无居民点和农田分布其中，相邻间距小于1km，满足踏脚石建设的最小面积和最大间距需求。在两条廊道之间的地带拟建设4处踏脚石，相邻踏脚石的间距均小于1km。踏脚石建成后可满足动物利用两条廊道之间地带迁移与交流的需求。

3. 开通迁徙通道

通道包括上跨式、下钻式和无障碍通道，是消除道路阻隔效应的重要方式。上跨式通道多设于“U”形地段，适合陆栖动物和部分两栖类动物通过；下钻式通道多建于湿地、溪流区域，适合水生动物、两栖类动物和部分陆栖动物通过（图5-25）。

在拟建南北两条廊道与G347国道交叠的“U”形地段，适于建设上跨式通道，最大限度满足陆栖动物和部分两栖动物的迁移与交流。上跨式通道种植本土植物，培育形成郁闭度为0.7～0.8的森林植被。在通道两侧构筑有藤蔓植物覆盖的生态护坡墙，并树立“注意野生动物”“前方有野生动物通道”等警示标志。

图5-25 野生动物通道

在公路跨越溪流处，已建有下钻式通道7座，满足水生动物、两栖类动物、部分陆栖动物的通过与交流。

神农架遗产地东西两片间的G347国道长32.2km，宽10m，设置有护栏，对野生生物交流有一定阻隔作用。多数路段两侧生境良好，有较高天然植被覆盖，适合通过拆除部分护栏，形成无障碍通道，方便动物穿越。

4.“廊道—踏脚石—通道”生态连通体系

基于东西两片间缓冲区本底现状和目标类群需求，遵循“廊道为主、踏脚石为辅”和“通道建设与护栏拆除并举”的原则，整合东西两片间缓冲区的南部和北部的2条廊道、廊道之间4处踏脚石、每条廊道内2座上跨式通道及已有的7座下钻式通道，拆除G347国道护栏30%以上，构建“廊道—踏脚石—通道”连通生境的镶嵌式格局，实现神农架遗产地东西两片间野生动植物的交流和生态系统功能的连通。

（二）保护川金丝猴

湖北神农架是川金丝猴湖北亚种目前的唯一现存分布地。最新的调查数据显示8群1200余只。其主要分布在金猴岭，大、小龙潭，大、小千家坪一带。统计显示，神农架川金丝猴主要分布区域为金猴岭片区（800余只）和千家坪片区（400余只），而在白岩坡、板壁岩等次要分布区也有少量小群或个体活动（图5-26）。

图5-26　金丝猴集中分布区

在川金丝猴的主要活动区内，大龙潭的旅游公路对于金丝猴的移动与种间交流会产生一定的影响。为了便于金丝猴的通过与基因交流，规划建设金丝猴通道2座。大龙潭的旅游公路总体在高山峡谷中穿行，为喀斯特地貌，设置下钻式通道挖掘的难度较大。考虑到路两侧的地质地貌特征，在大龙潭下侧1km处和小龙潭上侧1km处川金丝猴活动较为集中的区域建设2处上跨式通道。同时，在局部路侧有下挖条件的平台或平地处可设计小型涵洞和增设涵洞以满足两侧其他地栖动物迁徙的需要。考虑到环境影响因素，目前本段公路通行的车辆主要是旅游环保车以及部分小型车辆，会产生一定的噪声。因此，在设计通道时将充分考虑通道宽度进行阻隔。为了配合自然遗产的保护，可在通道上设计电子监测系统，确定通道的使用效率。在通道两侧设置栅栏以诱导或引导动物到达通道入口；在通道位置前后设计标志牌、警示牌或减速标志、禁鸣标志等，提醒司机乘客注意；教育游客不在通道周围进行人为活动，提高大众的动物保护意识；同时，在法律上对捕杀动物、破坏动物通道行为进行惩罚。

（三）保护珍稀濒危植物

遗产地珍稀濒危植物主要分布于干扰少的阴湿沟谷及特殊生境，集中分布的海拔范围为1000～1800m，分布比较集中的地点主要有6处。对珍稀濒危植物的保护措施主要有：在上述6处濒危植物分布较集中的区域设立珍稀濒危植物就地保护，通过适当的人为干预措施，提高珍稀濒危植物结实率，促进其种群更新与复壮；通过引种扩繁，在官门山珍稀濒危植物园进行濒危植物迁地保护（图5-27）；同时，加强对濒危植物生物与生态学特性的研究、试验与监测，为濒危植物保护提供理论依据和技术支持。

图5-27 官门山珍稀濒危植物园

（四）保护原始林

原始林是指受人类活动干扰极少的成熟林，基本保持了原始的自然环境，保存了北亚热带许多濒危物种的重要栖息地，能够保证遗产地生态环境的完整性，使生物多样性得到最好的保护。而且原始自然环境足以保障维系生态系统自然演化并确保大范围自然区域内综合自然景观、生物生境区和珍稀濒危物种得到良好保护，有效保证了遗产地生态系统和动植物群落演变、发展中的生物和生态过程能够持续进行（图5-28）。遗产地人口分布稀少，保存有较为完

图5-28　布满苔藓的金猴岭原始林

好的原始林，占遗产地总面积的25.9%。对于原始林，通过遥感影像监测原始林长期动态，科学评价保护管理成效；禁止砍伐，严格保护原始林分布区；定期、适时开展联防活动，防治偷砍偷猎行为；强化森林防火防病巡查机制，健全预警和快速响应系统，预防自然灾害对原始林的破坏；同时，在法律上对破坏原始森林的行为进行惩罚。

（五）稳定山地植被垂直带谱

遗产地的山地植被垂直带谱分布比较集中和保存最为完好的有2个较大的区域，其中，神农架南坡保存最好的垂直带谱在九冲河流域；神农架北坡保存最好的垂直带谱在阴峪河流域。对山地植被垂直带谱的保护措施主要有：在上述2处山地植被垂直带谱分布比较集中和保存最为完好区域设立长期监测固定样地，定期监测研究全球气候变化下山地生态系统垂直分异规律及其生态学过程；禁止砍伐，严格保护山地植被垂直带谱集中分布区，在法律上对破坏山地植被垂直带谱的行为进行惩罚。

（六）呵护常绿落叶阔叶混交林

遗产地的常绿落叶阔叶混交林分布比较集中和保存最为完好的有3个较大的区域，其中，九冲河流域分布的常绿落叶阔叶混交林主要树种组成为常绿成分的樟科樟属和落叶成分的壳斗科水青冈属；长坪河流域分布的常绿落叶阔叶混交林主要树种组成为常绿成分的山茶科柃木属和落叶成分的桦木科鹅耳枥属；羊圈河流域分布的常绿落叶阔叶混交林主要树种组成为常绿成分的樟科樟属、木姜子属和落叶成分的壳斗科水青冈属、栎属等。在上述3处常绿落叶阔叶混交林分布比较集中和保存最为完好区域设立长期监测固定样地，定期监测常绿落叶阔叶混交林生态系统的生物生态学过程；禁止砍伐，严格保护常绿落叶阔叶混交林集中分布区，并在法律上对破坏常绿落叶阔叶混交林的行为进行惩罚。

三、分级管理

自然遗产地的分级分区保护与功能分区紧密联系，实为一体。分级分区保护是各项具体专项规划的区划依据，合理的保护分区能够协调好保护与发展之间的矛盾，最大限度地保护好自然遗产，同时又有利于发展地方经济。湖北神农架遗产地已建立了从国家到地方的多级管理体系和政府、技术机构、研究机构等多方面的协作机制。国家公园管理局在国家层面负责管理各类自然保护地；湖北省林业局代表湖北省直接对口国家公园管理局，负责湖北省各类自然保护地的监督管理；遗产地所在的神农架林区政府设立神农架国家公园管理局，下设遗产管理科、管理所、管理站，具体负责遗产地的自然资源管理。

中华人民共和国国家公园管理局是2018年3月中国共产党中央委员会根据《深化党和国家机构改革方案》组建的机构，规定组建国家林业和草原局，加挂国家公园管理局牌子。2018年4月10日，中华人民共和国国家公园管理局举行揭牌仪式，负责管理以国家公园为主体的自然保护地体系，肩负着守护者、管理者、使用的监管者、生态产品的供给者、生态文化传播和对外交流的使者等角色，以构建生态安全屏障，保护野生动植物，维护生物多样性，满足人民认识自然和亲近自然的精神文化需求，确保国家的重要生态资源全民共享、世代传承的职责，以建设美丽中国、维护中华民族永续发展的生态空间为使命。

湖北省林业局负责全省各类生态系统、野生动植物资源和各类自然保护地的监督管理，负责国家公园、自然保护区、自然遗产等各类自然保护地的规划、申报、建设和特许经营等工作，提出新建、调整国家和省级自然保护地的审核建议并按程序报批，组织审核世界自然遗产的申报。加快建立以国家公园为主体的自然保护地体系，统一推进各类自然保护地的清理规范和归并整合。

神农架国家公园管理局制定神农架国家公园的法规规章和发展规划，报经批准后组织实施，负责神农架国家公园的自然资源保护与利用、护林防火等事务，负责对神农架国家公园内的建设、规划、经营活动进行监督管理，负责联合国教科文组织人与生物圈神农架自然保护区、神农架世界地质公园、神农架世界自然遗产地、国际重要湿地等保护地的统一管理，组织和协调开展科学研究工作、科普宣传活动，参与国际国内国家公园保护与利用的交流与合作。为了使神农架世界遗产地的保护管理工作纳入遗产地管理机构的有序管理工作体系，根据保护管理所和管理站的功能划分，结合当地的现有保护管理设施体系，在其内部设立相应的6个保护管理所，保护管理所下设14个保护管理站（图5–29）。

图5-29 神农顶管理所

遗产地保护管理所依法保护自然环境和自然资源，调查自然资源并建立档案，开展环境监测，拯救珍稀濒危物种及保护其生态环境，维护自然生态平衡和生物多样性；宣传、贯彻、执行国家有关自然保护和野生动植物保护及森林防火的法律、法规、政策；依法查处破坏区内自然资源和自然环境的林业行政案件，清理非法占用林地的行为；负责林地权属管理，制止蚕食侵占林地、毁林开垦、偷砍盗伐、偷猎等行为；管理维护辖区内的宣传牌、警示牌、界桩、界牌、瞭望塔等野外设施；负责辖区内村寨野生动物肇事及伤害人畜、损毁农作物的调查统计、核准、补偿、兑现和主动防范工作；协助开展生物多样性保护、森林资源调查、野生动物植物资源监测工作；开展资源保护与可持续利用及其他科研项目的研究工作；开展社区共管，指导社区群众正确处理保护与发展的关系；帮助扶持社区群众调整农业产业结构，开展多种经营活动，发展经济，增加收入。

保护管理站是分散在遗产地内部的防火、防偷猎的点位，也是生态监测、环境监测、保护观察点；同时，兼为野外巡护人员提供补给与救助的场所（图

5-30)。保护管理站设置和控制所有的区域和路口，特别是能够控制进入禁限区的所有小路和山谷、溪流等出口。保护管理站建立在居民点、人为活动频繁地区及人员和车辆经常进出自然保护区的道路路口或其他要塞处。保护管理站数量及其管理范围确保了工作人员能够迅速控制进出自然保护地的主要交通路口，到达保护地内主要人为活动区域。保护管理站配备办公、消防、野外调查、日常巡护、执法、通信、交通及必要的生活设施设备。

图5-30　板桥管理站

第六章 国家公园 与时俱进

国家公园是我国自然保护地最重要的类型之一，也是自然保护地体系的主体。建立国家公园体制是保障中国国土生态安全的重大举措，相比以审美体验为目标的名山风景区，大尺度生态过程和生态系统保护的战略地位高得多，所肩负的时代责任也重要得多。依据国家公园的遴选标准，综合考虑我国自然地理格局、生态功能格局、生物多样性和典型景观特征，目前遴选出约50个国家公园候选区。

神农架国家公园40%的森林处于原生状态，完好保存了北半球同纬度地带性常绿落叶阔叶混交林及其植被垂直带谱，拥有全球最完好的晚前寒武纪地层单元；完整地保护了北亚热带生态系统及动植物群落演变发展过程、秦岭大巴山混交林生态地理区完整的植被垂直带谱和川金丝猴湖北亚种种群及其栖息地。神农架国家公园里的常绿落叶阔叶混交林是秦岭大巴山混交林生态地理区植被的典型代表，展示了秦岭大巴山混交林生态地理区的主体生态系统类型及垂直带谱的物种更替过程，是秦岭大巴山混交林生态地理区的生物演化和珍稀濒危特有物种栖息地的典型代表。神农架国家公园里的高山泥炭藓沼泽湿地是我国亚热带山地湿地沼泽的典型代表，也是秦岭大巴山混交林生态地理区神农文化的典型代表。

第一节 候选试点

按照《建立国家公园体制总体方案》，国家批准在神农架开展国家公园体制试点工作（图6-1），探索自然保护新模式，创建自然保护地管理的新体制，积累国家公园建设和管理经验。神农架国家公园试点区在对现有的世界自然遗产地、世界地质公园、国家级自然保护区、森林公园、湿地公园等8类自然保护地综合评价的基础上，打破因资源分类造成的条块割裂局面，梳理出北亚热带自然生态系统和生物多样性典型区域，按照自然生态系统完整、物种栖息地连通、保护管理统一的原则，合并重组现有各类自然保护地，优化边界范围和功能分区，划定常绿落叶阔叶混交林和以其为基带的海拔梯度上植被垂直带谱及生物多样性最富集部分为神农架国家公园。

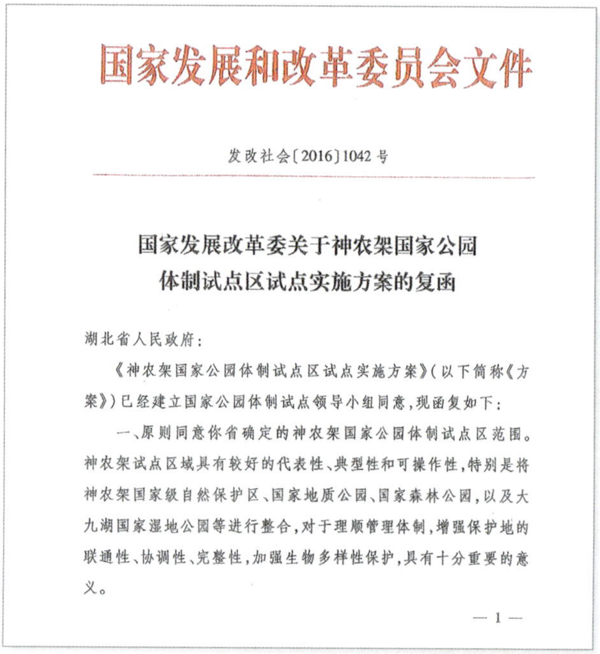
国家发展和改革委员会文件

发改社会〔2016〕1042号

国家发展改革委关于神农架国家公园体制试点区试点实施方案的复函

湖北省人民政府：

《神农架国家公园体制试点区试点实施方案》（以下简称《方案》）已经建立国家公园体制试点领导小组同意，现函复如下：

一、原则同意你省确定的神农架国家公园体制试点区范围。神农架试点区域具有较好的代表性、典型性和可操作性，特别是将神农架国家级自然保护区、国家地质公园、国家森林公园，以及大九湖国家湿地公园等进行整合，对于理顺管理体制，增强保护地的联通性、协调性、完整性，加强生物多样性保护，具有十分重要的意义。

— 1 —

图6-1　神农架国家公园试点方案获国家发展和改革委员会批复

在此基础上，设置神农架国家公园管理局，整合了湖北神农架国家级自然保护区管理局、湖北神农架大九湖国家湿地公园管理局、湖北神农架国家地质公园管理局、神农架国家森林公园管理局4个管理局的职责，不再保留被归并的自然保护地名称和机构，解决自然保护地区域交叉、空间重叠、保护管理分割的问题，实现了神农架地区典型生态系统和生物多样性区域整体保护，确保了神农架国家公园在维护国家生态安全关键区域中的首要地位。

国家公园管理局将神农架国家公园划分为4个管理区18个网格管护小区，并建立相应的管理机构，形成“管理局—管理处—网格小区管护中心”的向下垂直管理体系。管理局设立11个内设机构和4个直属单位，承担人员和财务管理、行业管理、科研监测（图6–2）、治安和执法等职责；管理处对域内资源分区监测及治安和执法等科学化管理；管护中心对资源进行精细化管理。这种管理体系合理分区，差别化管控，既严格保护又便于基层操作，实现了全过程全方位统一管理。

图6-2 神农架的常绿落叶阔叶混交林及观测铁塔

为促进秦巴山地生物多样性保护和自然资源可持续利用，神农架国家公园牵头成立了“鄂西渝东毗邻自然保护地联盟”，将神农架国家公园毗邻自然保护地纳入大神农架全球环境基金（GEF）项目，成功召开了三届联盟会议，形成了突破行政区划限制的2省（直辖市）“7+2”（7个成员+2个观察员）大保护新格局（成员为湖北的神农架、堵河源、十八里长峡、巴东金丝猴、万朝山和重庆的五里坡、阴条岭等7个自然保护区，观察员为重庆宝雪山、湖北赛武当等2个自然保护区）。联盟架起了自然保护地沟通合作的桥梁，其辐射带动作用凸显，有效地维护了神农架自然地域生物多样性和生态系统的连续性和完整性。

第二节 国家代表性

中国国家公园保护的大面积自然或近自然区域，是中国生态价值及其原真性和完整性最高的地区，是最具战略地位的国家生态安全高地。其自然资源在全球、全国或同一生物地理区内具有代表意义，人文资源在全国、区域或同民族文化习俗中具有代表意义。例如，第一轮试点中的三江源、大熊猫、神农架、东北虎豹等国家公园体制试点区都具有这样的特征。未来，中国国家公园也许还将纳入更多具审美价值的名山大川，使国家公园成为美丽中国的华彩乐章，成为国家形象高贵、生动的代言者，成为激发国民国家认同感和民族自豪感的精神源泉。

一、常绿落叶阔叶混交林的典型代表

受副热带高压的控制，全球北纬30°～35°大部分地段主要植被类型为疏林、荒漠植被，仅中国神农架，美国东南部大烟山，地中海沿岸，琉球群岛北部以及日本本州、四国、九州等地，分布有地带性常绿落叶阔叶混交林。神农架国家公园地跨中亚热带和北亚热带，青藏高原的隆起使神农架国家公园北坡保存有全球同纬度最为完好的地带性常绿落叶阔叶混交林带，其既不同于地中海型耐旱热的硬叶常绿林，也不同于北半球同纬度的亚热带、热带荒漠植被。其优势树种完全不同于美国东南部大烟山、地中海沿岸以及日本等地的优势树种。常绿落叶阔叶混交林是神农架国家公园北坡的基带植被类型，也是北亚热带的地带性代表类型。

二、秦巴山地生物演化和物种更替的杰出代表

气候从炎热湿润向温暖湿润的演变，使神农架植被经历了从热带亚热带森林向北亚热带常绿落叶阔叶混交林的演化。晚中泥盆纪以来，神农架分布着以银杏类、苏铁类为代表的森林，其后发展为由种子蕨构成的热带森林。白垩纪以被子植物为优势和裸子植物（松柏类）构成的亚热带森林广泛分布。全新世以来，气候由炎热逐渐向温暖转变，植被由亚热带常绿阔叶林演化成常绿落叶阔叶混交林。原炎热湿润的热带植物区系逐步被现代温带植物区系所取代，三叠纪时期占优势的热带蕨类森林逐渐被温带落叶植物所替代。

神农架植被垂直带谱在海拔梯度上呈现出随海拔升高，优势树种种类和数量逐渐更替的生态学过程：公园南坡为中亚热带北缘，发育的常绿阔叶林带优势种主要为青冈、曼青冈、小叶青冈、巴东栎等壳斗科的常绿树种。随海拔升

高，部分常绿优势树种逐渐被锐齿槲栎和米心水青冈等落叶树种代替，形成了常绿和落叶树种混交的常绿落叶阔叶混交林带。随着海拔的进一步升高，常绿优势树种逐渐减少，锐齿槲栎、米心水青冈等落叶树种成为优势种，形成了落叶树种为优势种的落叶阔叶林带；海拔升高到2200～2600m时，以落叶树种为优势种的落叶阔叶林带中出现针叶树种，落叶阔叶林逐渐被以巴山冷杉和红桦为优势种的针阔混交林带所替代。海拔2600m以上的地段，以巴山冷杉和红桦为优势种的针阔混交林带中的红桦基本被针叶树种替代，形成了以巴山冷杉为优势的寒温带针叶林。海拔3000m以上的地段，优势树种巴山冷杉逐渐被粉红杜鹃、香柏、箭竹和野古草等灌草优势种替代，形成了亚高山灌丛和草甸植被带（图6–3）。

图6–3 亚高山箭竹灌丛

三、秦巴山区珍稀濒危、特有物种的典型栖息地

神农架位于东亚亚热带植物区系中华中区系成分分布的核心地段，是中国珍稀濒危、特有物种的聚集中心，是生物多样性优先保护区域。中国被列入《世

界自然保护联盟濒危物种红色名录》中的珍稀濒危植物聚集分布地有8处，神农架国家公园位于其中的“鄂西和湘北山地”区，是北亚热带典型珍稀濒危物种的关键栖息地。神农架国家公园有各类珍稀濒危高等植物287种，占神农架国家公园物种总数的6.82%。收录于《世界自然保护联盟濒危物种红色名录（2021）》的濒危植物有57种，包括极危2种，濒危22种，易危33种；收录于《濒危野生动植物种国际贸易公约（2021）》的有83种，其中附录Ⅰ级1种，附录Ⅱ级82种，收录于《国家重点保护野生植物名录》的176种（图6-4～图6-7）。神农架国家公园拥有极度濒危且世界最大的两栖动物大鲵、亚热带的典型代表动物金丝猴、鬣羚等一批珍稀濒危物种。川金丝猴是其湖北亚种的全球仅存分布地。神农架国家公园珍稀动植物物种数和保护级别均显著高于北亚热带的其他区域，典型代表了秦岭大巴山混交林生态地理区珍稀濒危、特有物种栖息地。

图6-4　国家一级保护野生植物——毛杓兰

图6-5 国家一级保护野生植物——黄花杓兰

图6-6 国家一级保护野生动物——梅花鹿

图6-7 国家二级保护野生动物——毛冠鹿

四、我国亚热带山地沼泽湿地的典型代表

泥炭藓沼泽是一种景观独特的湿地类型，多分布于北半球的温带到负极带地区，如阿拉斯加、加拿大和西伯利亚等地。北半球泥炭藓沼泽是冷湿气候条件下形成的一种沼泽类型。由于泥炭藓沼泽发育所要求的气候及地质条件的

苛刻性，决定了该类沼泽分布地理区域的局限性以及大面积的泥炭藓沼泽在亚热带区域的稀少性。在我国，泥炭藓沼泽主要发育在大、小兴安岭和长白山等地。在亚热带山地也有小面积零星分布，但在北亚热带，大面积的泥炭藓沼泽仅见神农架国家公园有分布（图6-8）。沼泽内无明显水层，地下水位接近地表。泥炭藓沼泽泥炭厚度超过200cm，位于大九湖一凹形盆地，盆地一侧为丘陵。泥炭藓群落植物种类共有18科24种，草本层高度为30cm左右，盖度约80%，以红穗薹草为优势种，泥炭藓盖度为100%，高度为10～20cm。泥炭藓属植物是泥炭沼泽特有分类群，其残体形成了泥炭沼泽相当大的生物量，泥炭藓（包括活体及其残体）所固定的碳在全球陆生植被固定碳中具有重要作用（图6-9）。

图6-8　大九湖湿地

图6-9 泥炭藓沼泽

五、秦巴山区神农文化的典型代表

荆楚文化作为秦岭大巴山混交林生态地理区一种具有鲜明地域特色的文化形态，主要是指以当今湖北地区为主体的古代荆楚历史文化，不仅包括古代的历史文化，还包括从古到今乃至未来湖北地区所形成的具有地方特色的文化。“荆楚文化”为具有湖北地方特色的文化。荆楚文化主要由十个方面构成，即神农文化、楚国历史文化、秦汉三国文化、清江巴土文化、名山古寺文化、长江三峡文化、江城武汉文化、现代革命文化、地方戏曲文化、民间艺术文化（图6-10）。炎帝神农是中国上古时期享有最尊地位的人物之一（图6-11），可以与他并驾齐驱的只有轩辕黄帝一人。如果说伏羲女娲主要解决的是人类自身生产、繁衍的问题，那么，炎帝神农所解决的是人类生存、发展的问题。神农遍尝百草，还意外获得了石花、茶叶、灵芝这三件宝。神农架国家公园为神农文化的集中发源地，是秦巴山地神农文化的典型代表。

图6-10 祭祀歌舞

图6-11 祭祀祈福

第三节 生态完整性

生态完整性是指其具有足够面积和充分的组成要素，以维持生态系统的结构、功能与过程，维持自然区域的价值与特征。完整性概念强调“不缺失”，生态系统强调其组成、结构与功能的完整，非生物要素强调景观价值的内容完整。神农架包含了体现神农架国家公园独特的生物多样性、生态系统类型和生态过程以及景观地质价值的所有必要因素。

一、北亚热带山地生物多样性演变规律的完整性

神农架国家公园包含了岩溶地貌、流水地貌、冰蚀地貌、构造地貌等复杂多样的地貌类型。根据《湖北省森林资源规划设计调查技术操作细则》，按照现实森林类型与地带性原始顶级森林类型的差异程度，或次生森林类型位于演替中的阶段，将神农架森林划分为3个自然度，其中，1级为原始或受人为影响很小而处于基本原始状态的森林类型；2级为有明显人为干扰的天然植被或处于演替中期或后期的次生群落；3级为人为干扰很大，演替逆行处于极为残次的次生植被阶段，或天然植物几乎破坏殆尽，难以恢复的逆行演替后期。神农架国家公园72%的森林生态系统与生态过程保持自然特征和进展演替状态，自然力在森林生态系统和生态过程中居于支配地位，35%的森林为原生状态。神农架拥有北亚热带保存最完好的常绿落叶阔叶林生态系统，是连接暖温带落叶阔叶林和亚热带常绿阔叶林的纽带。国家公园拥有丰富的温带植物，是世界温带属的集中分布地和发源地的代表区域。因此，国家公园能够保证其反映的北亚热带生态系统及动植物群落演变、发展的生物和生态过程的要素得到最完整的保护，能够有效保证国家公园生物和生态系统的自然演化。

二、山地植被垂直带谱的完整性

自下而上依次发育有常绿阔叶林带、常绿落叶阔叶混交林带、落叶阔叶林带、针阔混交林带、针叶林带及亚高山灌丛和草甸带。秦岭太白山植被垂直带谱缺失常绿阔叶林带，而且由于长期的人类活动，其地带性常绿落叶阔叶混

交林带已被严重破坏，目前无完好的成片的常绿落叶阔叶混交林，现存植被类型主要为马尾松林、麻栎林等。因此，神农架在较小的水平距离内浓缩了亚热带、暖温带、温带和寒温带的典型植被类型，保存有完整的植被垂直带谱。

三、珍稀濒危物种栖息地的完整性

神农架拥有森林、灌丛、草地、湿地、裸岩区和洞穴等生境类型，占全球一级生境类型总数的46%，是地质历史时期（第四纪冰川时期）野生动植物重要的避难所。拥有完整的北亚热带森林生态系统，共有6个植被型组17个植被型168个群系，具有全球瞩目的生物多样性和物种基因库，是我国东西南北植被分布的过渡地带，为各个地区动植物荟萃之地。神农架生物类型丰富，拥有被子植物系统中各纲或各进化阶段大部分的类群代表，构成了被子植物进化较完整的系列（图6–12）。

图6–12　珍稀植物——单花小檗

多样的生境为众多珍稀濒危动植物提供了赖以生存的关键栖息地。如海拔1600～3000m的落叶阔叶林、针阔混交林和针叶林生态系统分别在不同季节为濒危动物川金丝猴湖北亚种提供了季节互补的食谱和群栖生境。近40年来，神农架川金丝猴湖北亚种最适宜栖息地面积增加了17.70%，川金丝猴栖息地破碎化显著减缓，川金丝猴最适宜栖息地集合种群能力增加了515.17%，适宜栖息地集合种群容量增加了183.77%。又如，北坡海拔1700～2200m的落叶阔叶林下潮湿生境是濒危植物独花兰的关键栖息地。神农架有大面积的无人区和原始森林，是北亚热带生物多样性和原生的生物生境保护最好的区域，为众多珍稀濒危特有物种繁衍提供了无人类活动干扰的优质空间（图6–13）。

图6–13　国家二级保护野生植物——厚朴

四、全球上前寒武纪地层的完整性

中元古界（距今16亿～10亿年）的神农架群包括郑家垭组、石槽河组、大窝坑组、矿石山组，沉积厚度逾4000m，是神农架群及群内各组层型剖面的命名地，组成神农架地区乃至扬子地块北缘及整个中国南方最古老的褶皱基底之一，为解决我国这一时期的地层对比和建立上前寒武系层序提供了重要依据，对研究晋宁运动、扬子地块生成演化乃至全球罗迪尼亚超大陆的形成与裂解具有重要的意义。园区内元古代叠层石十分发育，类别多样，纹层清晰，有各种切面和大小，其分布范围、产出规模、完美程度可与我国最著名的叠层石产地蓟州区相媲美，是前寒武纪具有全球对比意义的重要地层和早期生命痕迹的典型代表，具有不可再生性与极为重要的地球科学价值（图6–14）。

图6–14　猴子石石芽群

参考文献

班继德，漆根深. 鄂西植被研究[M]. 武汉：华中理工大学出版社，1995.

班继德. 鄂西神农架山脉植被的研究[J]. 华中师范学院学报(自然科学版专辑)，1980: 1–80.

陈君帜. 大九湖自然保护区湿地植被现状及恢复对策[J]. 林业调查规划，2009, 34(4): 67–69.

程维明，周成虎，申元村，等. 中国近40年来地貌学研究的回顾与展望[J]. 地理学报，2017, 72(5): 755–775.

春敏莉，谢宗强，赵常明，等. 神农架巴山冷杉天然林凋落量及养分特征[J]. 植物生态学报，2009, 33(3): 492–498.

崔俊芝，白明，范仁俊. 中国昆虫模式标本名录(第1卷)[M]. 北京：中国林业出版社，2007.

崔俊芝，白明，范仁俊. 中国昆虫模式标本名录(第2卷)[M]. 北京：中国林业出版社，2009.

邓舒雨，董向忠，马明哲，等. 基于森林碳库动态评估神农架国家级自然保护区的保护成效[J]. 生物多样性，2018, 26(1): 27 – 35.

樊大勇，高贤明，杜彦君，等. 神农架世界自然遗产地落叶木本植物多样性及其代表性[J]. 生物多样性，2017, 25(5): 498–503.

费梁，胡淑琴，叶昌媛. 中国动物志：两栖纲(第一卷)[M]. 北京：科学出版社，2006.

高贤明，徐文婷，谢宗强. 神农架植物名录[M]. 北京：科学出版社，2018.

葛继稳，吴金清，朱兆泉，等. 神农架生物圈保护区植物多样性及其保护现状的研究[J]. 武汉植物学研究，1997, 15(4): 341–352.

葛结林，熊高明，邓龙强，等. 湖北神农架山地米心水青冈–多脉青冈混交林的群落动态[J]. 生物多样性，2012, 20(6): 643–653.

郭建强. 初论地质遗迹景观调查与评价[J]. 四川地质学报，2005(02): 104–109.

郭柯，方精云，王国宏，等. 中国植被分类系统修订方案[J]. 植物生态学报，2020, 44(02): 111–127.

何东，江明喜. 从空间分布特征认识珍稀植物领春木的种群动态[J]. 植物科学学报，2012, 30(3): 213–222.

何东，魏新增，李连发，等. 神农架山地河岸带连香树的种群结构与动态[J]. 植物生态学报，2009, 33(3): 469–481.

胡振林，朱兆泉，刘翠华. 神农架金丝猴的生态学观察[J]. 生态学杂志，1992, 11(4): 29–32.

湖北神农架国家级自然保护区管理局. 神农架自然保护区志[M]. 武汉：湖北科学技术出版社，2012.

湖北省神农架林区地方志编纂委员会. 神农架志[M]. 武汉：湖北科学技术出版社，1996.

黄宝荣，王毅，苏利阳，等. 我国国家公园体制试点的进展、问题与对策建议[J]. 中国科学院院刊，2018, 33(01): 76–85.

姜治国，王大兴，杨敬元，等. 神农架国家级自然保护区植物资源调查研究[J]. 湖北林业科技，2010, 165(5): 35–38.

蒋亚芳，田静，赵晶博，等. 国家公园生态系统完整性的内涵及评价框架：以东北虎豹国家公园为例[J]. 生物多样性，2021, 29(10): 1279–1287.

蒋志刚，江建平，王跃招，等. 中国脊椎动物红色名录[J]. 生物多样性，2016, 24(5): 500–551.

蒋志刚，马勇，吴毅，等. 中国哺乳动物多样性及地理分布[M]. 北京：科学出版社，2015.

廖明尧. 神农架地区自然资源综合调查报告[M]. 北京：中国林业出版社，2015.

刘家琰，谢宗强，申国珍，等. 基于SPOT–VEGETATION数据的神农架林区1998—2013年植被覆盖度格局变化[J]. 生态学报，2018, 38(11) : 3961–3969.

刘璐，赵常明，徐文婷，等. 神农架常绿落叶阔叶混交林凋落物动态及影响因素[J]. 植物生态学报，2018, 42 (6): 619–628.

刘永杰，王世畅，彭皓，等. 神农架自然保护区森林生态系统服务价值评估[J]. 应用生态学报，2014, 25(5): 1431–1438.

罗璐，申国珍，谢宗强，等. 神农架海拔梯度上4种典型森林的乔木叶片功能性状特征[J]. 生态学报，2011, 31(21): 6420–6428.

罗璐，申国珍，谢宗强，等. 神农架海拔梯度上4种典型森林的土壤呼吸组分及其对温度的敏感性[J]. 植物生态学报，2011, 35(7): 722–730.

马勇，李丽霞. 国家公园旅游发展：国际经验与中国实践[J]. 旅游科学，2017, 31(03): 33–50.

石世贵，潘洪林，詹亚华，等. 中国神农架蕨类植物概况[J]. 武汉植物学研究，1997, 15(4): 336–340.

舒化伟，邓少兵，朱远军，等. 万朝山自然保护区的自然遗产价值及其保护[J]. 国土与自然资源研究，2020(05): 83–86.

苏化龙，马强，林英华，等. 湖北省巴东县小神农架地区川金丝猴的种群调查[J]. 兽类学报，2004, 24(1): 84–87.

唐芳林, 王梦君, 黎国强. 国家公园功能分区探讨[J]. 林业建设, 2017(06): 1–7.

田发新, 田宗伟, 谭明凤. 巴东县森林病虫害防控工作现状及对策[J]. 湖北林业科技, 2011, 171(5): 61–63.

田自强, 陈玥, 赵常明, 等. 中国神农架地区的植被制图及植物群落物种多样性[J]. 生态学报, 2004, 24(8): 1611–1621.

王翠玲, 臧振华, 邱月, 等. 湖北神农架国家级自然保护区森林和川金丝猴栖息地的保护成效[J]. 生物多样性, 2017, 25(5): 504–512.

王国宏, 方精云, 郭柯, 等.《中国植被志》研编内容与规范[J]. 植物生态学报, 2020, 44(02): 128–178.

吴静. 国家公园体制改革的国际镜鉴与现实操作[J]. 改革, 2017(11): 70–78.

吴楠, 雷博宇, 周友兵, 等. 湖北神农架动物模式标本名录[J]. 中国科学数据(中英文网络版), 2020, 5(02): 61–67.

吴征镒, 孙航, 周浙昆, 等. 中国种子植物区系地理[J]. 北京: 科学出版社, 2010.

谢宗强, 申国珍, 周友兵, 等. 神农架世界自然遗产地的全球突出普遍价值及其保护[J]. 生物多样性, 2017, 25(5): 490–497.

谢宗强, 申国珍. 神农架国家公园体制试点特色与建议[J]. 生物多样性, 2021, 29: 312–314.

谢宗强, 申国珍. 神农架自然遗产地的价值及其保护管理[M]. 北京: 科学出版社, 2018.

谢宗强, 熊高明. 神农架模式标本植物: 图谱 · 题录[M]. 北京: 科学出版社, 2020.

谢宗强, 徐文婷, 申国珍, 等. 北亚热带山地生物多样性的长期监测研究及生态建设[J]. 中国科学院院刊, 2020, 35(09): 1189–1196.

徐文婷, 谢宗强, 申国珍, 等. 神农架自然地域范围的界定及其属性[J]. 国土与自然资源研究, 2019, 3: 42–46.

杨林森, K. Messenger, 廖明尧. 湖北神农架国家级自然保护区两栖爬行动物物种多样性[J]. 四川动物, 2009, 28(2): 286–291.

杨星科. 长江三峡库区昆虫[M]. 重庆: 重庆出版社, 1997.

应俊生, 陈梦玲. 中国植物地理[M]. 上海: 上海科学技术出版社, 2011.

应俊生, 马成功, 张志松. 鄂西神农架地区的植被和植物区系[J]. 植物分类学报, 1979, 17(3): 41–60.

应俊生. 中国种子植物特有属的分布区学研究[J]. 植物分类学报, 1996, 34(5): 479–485.

应俊生. 中国种子植物物种多样性及其分布格局[J]. 生物多样性, 2001, 9(4): 393–398.

余小林, 韩文斌, 周友兵, 等. 神农架世界自然遗产地川金丝猴通道设计[J]. 生态科学, 2018, 37(4): 97–104

余小林, 周友兵, 申国珍, 等. 神农架世界自然遗产地旅游环境容量研究[J]. 生态科学, 2018, 37(1): 158–163.

余小林, 周友兵, 徐文婷, 等. 保护地旅游公路的野生动物通道设计原则与技术参数[J]. 生物多样性, 2015, 23(6): 824–829.

昝启杰. 鄂西神农架植物区系起源与发展探讨[J]. 中山大学研究生学刊(自然科学版), 1995, 3: 31–36.

张孚允, 杨若莉. 中国鸟类迁徙研究[M]. 北京: 中国林业出版社, 1997.

张立影, 朱觅辉, 陶旭东, 等. 神农架自然保护区居民点鸟类多样性调查[J]. 湖北林业科技, 2012, 6: 52–54.

赵常明, 韩文斌, 申国珍, 等. 开通机场和列入世界遗产对神农架游客增长的影响[J]. 生态科学, 2018, 37(3): 138–142.

赵智聪, 杨锐. 中国国家公园原真性与完整性概念及其评价框架[J]. 生物多样性, 2021, 29(10): 1271–1278.

郑光美. 中国鸟类分类与分布名录[M]. 北京: 科学出版社, 2011.

郑作新. 中国动物地理区划和主要经济动物的分布[J]. 动物学杂志, 1960, 4(4): 176–177.

中国科学院动物研究所. 昆虫模式标本名录[M]. 北京: 农业出版社, 1991.

中国科学院武汉植物研究所. 神农架植物[M]. 武汉: 湖北人民出版社, 1980.

中国科学院中国植被图编辑委员会. 中国植被及其地理格局[M]. 北京: 地质出版社, 2007.

周秋静, 韩文斌, 赵常明, 等. 神农架天然针阔混交林的物种组成和群落结构[J]. 生态学杂志, 2019, 38(1): 11–18.

周秋静, 赵常明, 王杨, 等. 神农架天然针阔混交林乔木更新的空间格局[J]. 植物科学学报, 2019, 37(4): 454–463.

周友兵, 韩文斌, 陈文文, 等. 神农架世界自然遗产地陆生脊椎动物多样性[J]. 生态科学, 2018, 37(5): 47–52.

周友兵, 徐文婷, 赵常明, 等. 神农架世界自然遗产地两片区间连通的可行性分析与技术设计[J]. 生态学杂志, 2017, 36(10): 2988–2996.

周友兵，余小林，吴楠，等. 神农架世界自然遗产地动物模式标本名录[J]. 生物多样性，2017, 25(5): 513–517.

朱强，俞孔坚，李迪华. 景观规划中的生态廊道宽度[J]. 生态学报，2005, 25(9): 2406–2412.

朱兆泉，宋朝枢. 神农架自然保护区科学考察集[M]. 北京：中国林业出版社，1999.

邹城杰，何宇彬. 喀斯特地貌发育的时空演化问题初论[J]. 中国岩溶，1995, 3(15): 49–59.

CHETKIEWICZ CLB, ST. CLAIR CC, BOYCE MS. Corridors for conservation: integrating pattern and process [J]. Annual Review of Ecology, Evolution, and Systematics, 2006, 37: 317–342.

DENG T, KIM CK, ZHANG DG, et al. Zhengyia shennongensis: a new bulbiliferous genus and species of the nettle family (Urticaceae) from central China exhibiting parallel evolution of the bulbil trait [J]. Tzxon, 2013, 62(1): 89–99.

GE JL, BERG B, XIE ZQ. Climatic seasonality is linked to the occurrence of the mixed evergreen and deciduous broad–leaved forests in China [J]. Ecosphere, 2019, 10(9): e02862.

LI Y. Activity budgets in a group of Sichuan snub–nosed monkeys in Shennongjia Nature Reserve, China [J]. Current Zoology, 2009, 55(3): 173–179.

LI YM. Seasonal variation of diet and food availability in a group of Sichuan snub–nosed monkeys in Shennongjia Nature Reserve, China [J]. American Journal of Primatology, 2006, 68(3): 217–233.

MA MZ, ZANG ZH, XIE ZQ, et al. Soil respiration of four forests along elevation gradient in northern subtropical China [J]. Ecology and Evolution, 2019, 9(22): 12846–12857.

PERAULT DR, LOMOLINO MV. Corridors and mammal community structure across a fragmented, old–growth forest landscape [J]. Ecological Monographs, 2000, 70(3): 401–422.

SU L, XIE ZQ, XU WT, et al. Variability of throughfall quantity in a mixed evergreen–deciduous broadleaved forest in central China [J]. Journal of Hydrology and Hydromechanics, 2019, 67(3): 225–231.

TEWKSBURY JJ, LEVEY DJ, HADDAD NM, et al. Corridors affect plants, animals, and their interactions in fragmented landscapes [J]. Proceedings of the National Academy of Sciences, 2002, 99(20): 12923–12926.

XIE ZQ, SHEN GZ. The outstanding universal value and conservation of Hubei Shennongjia [M]. Beijing Science Press–Springer, 2021.

XU X, YANG Z, SAIKEN A, et al. Natural Heritage value of Xinjiang Tianshan and global comparative analysis [J]. Journal of Mountain Science, 2012, 9(2): 262–273.

附录　申遗大事记

2012年3月，神农架林区党委、政府印发“两园一区一遗产”申创工作实施方案，成立了申创工作领导小组，领导小组组长由林区党委书记亲自担任。

2013年12月，神农架国家级自然保护区管理局专门成立了神农架世界自然遗产申创办公室，抽调专人组成申创专班，正式启动神农架申遗工作。

2014年6月，湖北神农架国家级自然保护区管理局委托中国科学院植物研究所为神农架世界自然遗产申报技术支撑服务单位。中国科学院植物研究所初步凝练出神农架遗产的核心价值。

2014年8月、2015年1月，林区政府两次专题请示湖北省人民政府成立湖北神农架世界自然遗产申创领导协调小组和办公室，以便从更高的层面对神农架世界自然遗产申创工作提供决策上的支持和协调上的保障。

2014年9月初，中国科学院植物研究所在自然保护区管理局积极配合下开展申遗材料编制，完成了神农架申遗所需的中英文申报文本及11个附件，达35万字。

2014年9月15日，住建部组织专家对申遗项目进行初审，完成申遗文本初审，通过国家筛选关，正式确定为中国政府2016年度申报世界自然遗产的唯一项目。

2014年9月30日，神农架申遗文本经国家住建部审批，报送到联合国教科文组织世界遗产中心预审。

2014年11月14日，联合国教科文组织世界遗产中心发来肯定回复和预审意见，明确将湖北神农架纳入2016年世界遗产申报项目，并要求于2015年1月30日前将修改后的神农架申遗文本正式报送世界遗产中心。这意味着通过联合国世界遗产中心预审。

2014年12月下旬，中国科学院植物研究所按照联合国世界遗产中心的预审意见，全部完成神农架申遗材料的修改和完善，并与湖北神农架国家级自然保护区管理局进行了最后审核。

2015年1月初，湖北神农架申遗材料按时间节点要求分别报送国家住建部、教育部和外交部会签，再报国务院审查、李克强总理签批。

2015年1月29日，聘请专人将申遗材料送达法国巴黎，提交联合国教科文组织世界遗产中心。

2015年4月28日，邀请国内知名申遗专家丁新权和中国科学院植物研究所申遗专家谢宗强为自然保护区管理局全体员工开展申遗业务培训。

2015年4月，联合国教科文组织世界遗产中心发来通知，将于2015年6～10月派遣IUCN专家对神农架世界自然遗产提名地进行现场考察评估。

2015年5月29日至6月2日，住建部领导和国内专家组现场模拟检查，之后根据国内专家反馈的意见和建议，将联合国专家现场考察评估时间拟定于8月5～9日、8月21～25日两个时间段，并报送IUCN专家确定最终考察时间，同时制定了专家考察路线及周边环境整治方案。

2015年8月1～15日，中国科学院植物研究所与湖北神农架国家级自然保护区管理局设计考察日程，编制完成《考察路线图》《OUV价值展示图》《OUV价值演示PPT》等。

2015年8月19～25日，联合国教科文组织世界遗产中心委派的IUCN专家布鲁斯·杰弗里斯（Bruce Jefferies）对湖北神农架世界自然遗产提名地开展了现场考察评估。IUCN根据专家考察报告，提议将湖北巴东金丝猴自然保护区纳入湖北神农架提名地及其缓冲区。林区党委、政府领导根据“将巴东保护区纳入此次申报范围，请保护区回复并加快文本修改等相关工作”的指示，及时赴住建部汇报申遗进展情况，就IUCN关于提交补充材料的要求进行技术咨询，并与中国科学院植物研究所签订了《湖北神农架申报世界自然遗产拓展巴东提名地项目技术服务合同》。

2015年11月16日，中国科学院植物研究所编写完成拓展巴东的补充材料，并提交到世界遗产中心。按照布鲁斯及IUCN的建议，将与神农架毗邻的巴东金丝猴自然保护区纳入遗产提名地范围，并完成了巴东金丝猴自然保护区资源突出普遍价值论证、范围科学划定、评估报告的编制等系列工作。

2016年1月，应IUCN的要求，中国科学院植物研究所再次补充了提名地东西两片区域之间建立动物廊道、更新旅游规划、游客数量增加后的管理策略、提名地神农架部分与巴东县部分之间的综合协调管理等内容。

2016年4月5～12日，国家住建部率申遗代表团赴瑞士访问IUCN总部，与相关官员和专家进行面对面沟通，并汇报神农架申遗价值、保护管理措施及整改方向；随后，赴法国巴黎访问世界遗产中心，汇报申遗进展情况，开展申遗公关工作。

2016年5月，IUCN给住建部反馈对神农架世界自然遗产的评估报告，明确建议世界遗产委员会将湖北神农架（中国）按照自然遗产标准9和10列入《世界自然遗产名录》，同时请缔约国（中国）对评估报告内容进行核对。中国科学院植物研究所对评估报告做了认真核对，并按照相关格式要求于6月将评估报告中存在的事实性错误反馈给世界遗产中心。

2016年7月17日，在土耳其伊斯坦布尔召开的第40届遗产大会上，湖北神农架被联合国教科文组织世界遗产委员会正式列入《世界自然遗产名录》。神农架因此成为我国第11项世界自然遗产项目，使中国的世界遗产总数达到50项。

2016.5

通过世界自然保护联盟综合评估

2016.7

正式列入《世界遗产名录》

2017.6

联合国教科文组织副总干事格塔丘·恩吉达授世界自然遗产牌匾，发布世界遗产《神农架宣言》

成功列入

3

联盟专家布鲁
地考察，顺利完
评估

2015.11

纳入巴东金丝猴保护区部分
区域

2016.2

完成整改申报材料

2016.4

联合国教科文组织世界遗
中心总部交流访问

综合评估